JN301308

作物の一代雑種

― ヘテロシスの科学とその周辺 ―

元草地試験場育種部長
山 田 実 著

― 2007 ―

東 京
株式会社
養 賢 堂 発 行

はしがき

　栽培植物は，前史以来，常に人類の手によって改良が加えられ続け，人類は自らの食料生産に都合の良い栽培植物としてきた．古くはメソポタミア文明の遺跡にすでにその例があるという．そしてひとつの例をあげると，トウモロコシはいまとなってはどんな野生種から栽培化されたのか，皆目見当が付かないまでに，新大陸発見のずっと以前にインディオたちが改良しきってしまった．

　有史以来，その間にも栽培の近代化が進むにつれて，さまざまな改良の方法が編み出されてきた．ごく最近では，DNAを操作することによって，予想もしなかった改良技法すら実際に使われ始めている．しかし近代遺伝学が20世紀の初めに産声をあげるとともに，栽培植物や飼養動物の周辺で大きく取り上げてこられたのが，人為的に交雑した一代雑種（の種子）をそのまま栽培に利用する育種方法である．

　つまり一代雑種は近代遺伝学の発展とともに，飛躍的に栽培植物の生産性と生産力を高めてきた育種の方法ということができる．とくに，20世紀の後半ともなると栽培植物の繁殖方法についての科学研究が大いに発展したこともあって，一代雑種を利用するという方法が格段と進歩・拡大した．あらゆる作物種において雄性不稔性・自家不和合性といった特性の発見と研究の進展があり，20世紀の初めの3四半世紀までには思いも及ばなかった作物種すら，一代雑種という育種方法の対象になっていった．たとえば人口が14億にもなろうという中国大陸や，やがて10億にも近づこうとするインド大陸では，その食料，とくにイネの生産量の確保に一代雑種が大きく貢献し始めている．

　この100年の間，一代雑種という育種方法について，国外ではことあるたびにシンポジウムが開かれ，その内容が取りまとめられて出版されているが，わが国では残念ながら，ここに取り上げる「作物の一代雑種」のような類書は見当たらない．「あとがき」で触れているように，わが国の食料生産の中心が自殖性作物であって固定品種の状態でもかなり高い生産性のイネであるこ

と，イネであったことと無縁ではないと思う．しかし，20世紀の最後の四半世紀を振り返ると，そのイネにおいてすら国によっては一代雑種によって，生産性の向上と多収穫をめざし実現してきた．また後半の50年でトウモロコシは単収を倍増させ，わが国の野菜では一代雑種を用いることによって，多くの障害から回避して形の整った野菜を供給したのみでなく，国外にも一代雑種の種子を供給してきている．

　本書「作物の一代雑種」では，まず大方の野菜類，トウモロコシ，それにいくつかの工芸作物や飼料作物さらにイネについて，一代雑種という形式がどのように用いられてきたか，またきているのかの実際を，その作物種の特長に触れながら述べている．次に，一代雑種は20世紀の近代遺伝学の確立がきっかけになっていることから，一代雑種がもたらす雑種強勢，すなわちヘテロシスを遺伝学はどう見ているのか，どのように研究してきたのか，またきているのかについて触れている．最後に一代雑種では，毎回交雑種子を生産しなければならないことから，高等植物の繁殖方法についての科学の発展と，そのことが一代雑種種子の生産を大変しやすくしたことについて解説している．

　著者はその研究者生活のかなりな年月を，ヘテロシスの遺伝学研究と一代雑種に結局は帰結するもろもろの研究に費やしてきた．そこで一代雑種に関わる諸問題について，非力を省みずその概略を万遍なく記述したつもりである．一代雑種，ハイブリッド，F_1とさまざまな言い方で広く知られているものとヘテロシスという現象について，読者が理解の一助にしていただければ幸いなので，あえて本書を著すこととした．

目　次

序　章 ……………………………………………………………………… 1
第1章　一代雑種の品種はどんな作物で使われているか ……… 8
第1節　野菜類の一代雑種－その多様性－ ……………………… 10
　1. トマト ……………………………………………………………… 11
　2. キャベツの仲間 …………………………………………………… 15
　3. ハクサイ …………………………………………………………… 17
　4. タマネギ …………………………………………………………… 20
　5. ホウレンソウ ……………………………………………………… 22
　6. キュウリ …………………………………………………………… 23
　7. ニンジン …………………………………………………………… 26
第2節　一代雑種のモデルとしてのトウモロコシ
（その1：背景にあるもの） ……………………………………… 29
　1. トウモロコシはインディオの宝 ………………………………… 30
　2. 移住民とトウモロコシ …………………………………………… 33
　3. 極東の日本では …………………………………………………… 35
第3節　一代雑種のモデルとしてのトウモロコシ
（その2：50年間で単収倍増） …………………………………… 39
　1. はじめは疑心暗鬼 ………………………………………………… 40
　2. F_1の優秀性を支えているもの ………………………………… 41
　3. 10年で10ブッシェル／エーカーずつ増収 ……………………… 42
　4. アメリカに追いつき追い越せ …………………………………… 44
第4節　予想外の一代雑種利用－ヒマワリからイネまで－ …… 52
　1. ヒマワリ …………………………………………………………… 52
　2. テンサイ …………………………………………………………… 54
　3. ソルガム …………………………………………………………… 58
　4. ナタネ ……………………………………………………………… 60

  5. コムギ………………………………………………………… 63
  6. イネ…………………………………………………………… 64
 第5節 13億人を養うハイブリッド・イネ………………………… 67
  1. イネのハイブリッド化での課題…………………………… 68
  2. 細胞質雄性不稔性の存在…………………………………… 68
  3. ハイブリッドでは可稔となること………………………… 71
  4. ハイブリッド種子生産上の隘路とその便法……………… 72
  5. ハイブリッド・イネの多収性……………………………… 74
  6. ハイブリッド・イネの現状………………………………… 77

第2章　一代雑種の遺伝学－ヘテロシスの科学－……………… 80
 第1節 近代遺伝学の申し子としての一代雑種…………………… 80
  1. メンデルの法則の再発見…………………………………… 80
  2. 雑種強勢の発見……………………………………………… 83
  3. ヘテロシス研究のあけぼの………………………………… 84
 第2節 終わりなきヘテロシス理論の論争………………………… 86
  1. ヘテロ接合であることの意味……………………………… 86
  2. ヘテロシスはまず胚に現われる…………………………… 87
  3. 生長量・生長率に現われるヘテロシス…………………… 89
  4. 酵素活性に現われるヘテロシス…………………………… 91
  5. 雑種酵素とは………………………………………………… 93
  6. 生長物質がヘテロシスを制御する………………………… 94
  7. 計量遺伝学の示すもの……………………………………… 95
  8. ミトコンドリアでの相補性………………………………… 97
  9. 半数体なのにヘテロシスが現われる……………………… 98
  10. ゲノム研究の周辺から …………………………………… 100
 第3節 トライアル・アンド・エラーの実際…………………… 106
  1. 八方美人でまず選抜……………………………………… 106
  2. 抵抗性を組合わせるハイブリッドの場合……………… 109
 第4節 雑種こそ生物集団のあるべき姿………………………… 111

1. 種の進化の中でヘテロシスをどう見るか……………………… 111
　　2. ヘテロ接合が優勢であること …………………………………… 112
　　3. 個体のヘテロ接合性と集団を構成する個体のヘテロ性 ……… 114

第3章　一代雑種種子の採種技術とその科学 ……………… 118
第1節　子孫繁栄のための植物の繁殖戦略 ……………… 119
　　1. 他殖こそ植物の本性 ……………………………………………… 119
　　2. 他殖の機作 ………………………………………………………… 122
　　3. 他殖であることの長所と短所 …………………………………… 126
第2節　完全な交雑種子を生産する ……………………… 130
　　1. 雌雄異株と雌雄異花の場合 ……………………………………… 130
　　2. 不和合性遺伝子の功績 …………………………………………… 132
　　3. 完全なヘテロ接合を保証する雄性不稔性 ……………………… 137
第3節　ダメ雄となる遺伝子の有用性 …………………… 141
　　1. 核雄性不稔遺伝子の制御の方法 ………………………………… 141
　　2. 核＝細胞質雄性不稔遺伝子の科学 ……………………………… 142
　　3. バイオテクノロジーの世界 ……………………………………… 146
第4節　交雑しないで一代雑種の種子を作る …………… 150
　　1. アポミクシスの種類 ……………………………………………… 150
　　2. アポミクシスの系統を作出する ………………………………… 152
　　3. アポミクシス・ハイブリッド種子を作る ……………………… 153
　　4. イン・ビトロで種子を増やす …………………………………… 154

第4章　新しいテクノロジーとの接点 ……………………… 156
　　1. バイオテクノロジーの様相 ……………………………………… 156
　　2. バイオテクノロジーとハイブリッド育種 ……………………… 159

あとがき ……………………………………………………………………… 162
索引 …………………………………………………………………………… 165

序　章

　1983(昭58)年の3月のある日，アメリカの大手石油会社オキシデンタルの子会社リングアラウンド社の社員が，霞が関の農林水産省農蚕園芸局を訪れた．自社が台湾で生産するハイブリッド・イネの種子を，日本で売らせて欲しいとの申し入れだった．このニュースは，その後NHKの総合TVでも特集番組「謎のコメが日本を狙う」として組まれ，7月11日のゴールデン・アワーに放映された．農作物の種子戦争が始まったといわれた．急遽，農林水産省は試験研究機関の力をつくして，7年後の1990年に北陸交1号という極早生・多収性の品種をつくり，わが国初めてのイネ・ハイブリッド品種として種苗法に登録をした．それからさらに10年余，日本では民間の三井化学(株)がとうとう実用に耐えるハイブリッド・イネの品種の育種に成功し，一般農家が栽培するように普及に移し始めた．

　ハイブリッドというカタカナ言葉はもちろん英語で，みなもとをたどるとラテン語のhybridaで雑種という訳語が当てられている．この言葉の来歴は古く，野生の山羊と飼育されている山羊との交雑による雑種のこと(辞典ウェブスターによる．なおオックスフォード辞典によると，イノシシとブタである)を指した．最近工業製品のいくつかで，ガソリンと電池の2つを動力源とするハイブリッド自動車，ガソリンとアルコールのハイブリッド燃料，絹と化学繊維でできたハイブリッドシルクなどがある．それ以後は，やたらにハイブリッド何々というのが，広告やTVのCMで見られる．語源から言うとハイブリッドは生物分野で確立された概念で，単に別々の特徴を加え併せたコンバインではなく，両親の交雑による遺伝子の交換と対合が引き起こした新しい別個の効果であるというきわめて生物学的なもので，遺伝の概念である．しかしハイブリッド・イネに象徴されるように，なぜ「ハイブリッド」と形容する作物の品種があるのか？

　20世紀のこの百年間で，それまでには考えも及ばなかった作物の新しい形式，つまり「雑種の第1代のみを栽培して生産する」ことが，多くの作物で取

(2)

り上げられるようになったことによる．人類の歴史，その文明の歴史，さらに食料生産の歴史の長さに比べると，この百年というのはとても短い．そこには近代遺伝学の急速な発展とその応用の成果がある．本書では，雑種の第1代を利用すること，それを支えた遺伝学と関連する科学について，栽培植物を対象として紹介する．

ところで，ハイブリッド品種がこの地球上の食料問題を解決するのに，そ

表0-1 FAO（国連食料農業機構）の資料による20世紀後半（1948～2000）の世界各国の作物生産．その栽培面積と単位面積当たり収量

作物	国名＼年次	1948～1952 (千)ha	1948～1952 t/ha	1961～1965 (千)ha	1961～1965 t/ha	1969～1971 (千)ha	1969～1971 t/ha	1979～1981 (千)ha	1979～1981 t/ha
トウモロコシ	アメリカ	29,856	2.46	22,928	4.16	23,749	5.16	26,567	5.71
	フランス	332	3.02	914	3.02	1,436	5.15	1,783	5.34
	中国	9,570	2.48	9,160	2.48	10,521	2.64	13,035	3.00
コムギ	アメリカ	27,756	1.12	19,432	1.70	18,669	2.14	28,674	2.25
	フランス	4,264	1.83	4,265	2.93	3,892	3.63	4,556	5.15
	オーストラリア	4,620	1.12	6,726	1.22	7,695	1.17	11,200	0.96
	ロシア[1]	42,633	0.84	66,622	0.96	65,230	1.42	61,682	1.59
イネ	中国	26,819	2.17	30,180	2.76	34,622	3.22	34,323	4.24
	日本	2,996	4.25	3,275	5.02	2,966	5.49	2,384	5.58
	大韓民国	936	3.62	1,169	4.09	1,204	4.63	1,230	5.51
ソルガム	アメリカ	3,087	1.26	4,909	2.83	5,565	3.18	5,273	3.62
	インド	16,605	0.37	18,402	0.42	20,430	0.46	16,361	0.70
	メキシコ	—[2]	—[2]	205	2.21	940	2.50	1,491	3.34
テンサイ	アメリカ	296	32.9	490	38.3	579	42.38	481	44.83
	日本	13	11.9	52	25.5	56	39.52	65	53.71
	フランス	314	26.6	381	37.8	409	45.14	549	61.18
	ロシア[1]	1,160	15.1	3,605	16.4	3,358	22.07	3,694	19.65
ナタネ	インド	2,030	0.40	3,021	0.42	3,104	0.49	3,709	0.50
	カナダ	10	0.92	306	0.91	1,598	1.01	2,296	1.17
	フランス	120	1.28	107	1.83	317	1.78	366	2.36
	中国	1,592	0.49	2,813	0.34	2,800	0.36	3,134	0.93
ヒマワリ	アメリカ	9	0.64	19	0.96	90	0.93	1,741	1.32
	フランス	8	1.05	17	1.46	28	1.61	677	0.77
	ロシア[1]	3,590	0.53	4,495	1.13	4,750	1.28	4,307	1.14
	アルゼンチン	1,211	0.73	920	0.68	1,347	0.85	1,564	0.93
トマト	アメリカ	244	15.1	178	28.5	169	31.5	163	42.5
	イタリア	78	14.5	126	22.8	131	26.0	125	36.6
	日本	12	14.2	17	25.3	20	39.4	19	52.9
	アルゼンチン	15	14.9	19	16.1	20	18.0	25	19.4
タマネギ	アメリカ	49	19.1	39	30.2	41	31.2	47	34.4
	イタリア	15	12.8	23	17.8	24	19.7	21	24.7
	日本	18	17.4	32	23.7	33	33.5	29	40.1

表 0−1（続き）

作物	国名	1989～1991 (千)ha	1989～1991 t/ha	1995～1997 (千)ha	1995～1997 t/ha	1998 (千)ha	1998 t/ha	2000 (千)ha	2000 t/ha
トウモロコシ	アメリカ	27,054	7.19	28,580	7.69	29,382	8.44	29,434	8.60
	フランス	1,758	6.72	1,746	8.39	1,770	8.15	1,834	8.98
	中国	21,188	4.33	23,641	4.87	24,070	5.21	23,086	4.60
コムギ	アメリカ	27,765	2.66	25,286	2.51	23,878	2.91	21,460	2.82
	フランス	5,147	6.48	4,966	6.76	5,243	7.60	5,269	7.13
	オーストラリア	9,257	1.63	10,466	1.83	11,460	1.91	12,175	2.03
	ロシア[1]	48,178	2.12	24,872	1.46	26,151	1.03	19,626	1.83
イネ	中国	33,238	5.61	31,403	6.19	31,848	6.06	30,490	6.23
	日本	2,073	6.12	2,016	6.43	1,801	6.22	1,770	6.70
	大韓民国	1,236	6.23	1,050	6.55	1,045	6.99	1,055	6.75
ソルガム	アメリカ	4,055	3.72	3,989	4.04	3,125	4.23	3,125	3.82
	インド	13,852	0.78	11,447	0.87	9,980	0.80	10,500	0.91
	メキシコ	1,606	3.17	1,822	2.84	1,953	3.12	2,170	2.95
テンサイ	アメリカ	547	44.63	563	45.47	587	50.48	556	52.92
	日本	72	54.56	70	51.85	69	53.41	69	55.07
	フランス	455	65.59	459	68.82	413	76.05	415	75.79
	ロシア[1]	3,286	25.25	1,026	15.85	806	13.40	806	17.42
ナタネ	インド	−[2]	−[2]	6,511	0.96	6,400	0.77	6,070	0.98
	カナダ	2,858	1.25	4,512	1.33	5,421	1.40	4,816	1.48
	フランス	685	2.98	909	3.36	1,149	3.27	1,225	2.91
	中国	5,543	1.19	6,810	1.40	6,450	0.93	7,770	1.47
ヒマワリ	アメリカ	851	1.33	1,176	1.43	1,407	1.69	1,064	1.53
	フランス	1,083	1.00	910	2.22	793	2.18	710	2.55
	ロシア[1]	4,535	1.40	4,000	0.81	4,166	0.72	4,350	0.90
	アルゼンチン	2,402	1.55	3,042	1.39	3,176	1.70	3,477	1.73
トマト	アメリカ	194	55.9	182	60.2	165	65.2	169	65.7
	イタリア	133	42.6	118	48.7	114	47.1	131	53.4
	日本	14	53.4	14	55.8	14	57.1	13	51.9
	アルゼンチン	29	24.5	24	32.8	26	26.0	21	32.1
タマネギ	アメリカ	55	41.9	64	44.4	64	43.0	67	48.5
	イタリア	18	26.5	16	28.4	15	28.2	14	30.3
	日本	29	44.8	27	46.7	27	45.9	27	38.9

注：国の選定は，著者の考えによった．
1) ロシア欄の1989～1991以前は，ソビエト連邦としての値．
2) 1948～1952, 1989～1991のデータは報告なし．

の一部は確実に担っている．FAO（国連食糧農業機構）の資料による過去50年間の統計を表0−1にまとめた（農林水産省統計情報部 1992, 2002, FAO 1990, 2000など）．ここに取りあげた作物と国とは，著者が勝手に選んで並べたもので，ハイブリッドを使った作物としてはトウモロコシ・ソルガム（モ

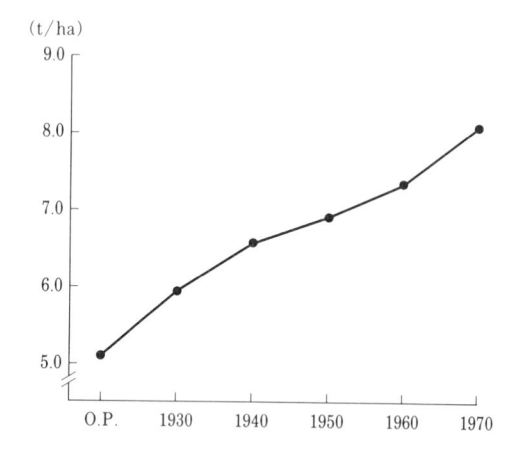

図0-1 アメリカのハイブリッド・コーンが示す収量性 (Sprague 1983, Russell 1974から作図引用)

縦軸は,単位面積(ha)当たりの収量(t/ha).10年ごとに育種された典型的なハイブリッド・コーンの収量を追跡したもの.なおOPはハイブリッドでない自然受粉品種.

ロコシ類)・テンサイ・ナタネ・ヒマワリ・トマト・タマネギ,それにイネとした.もっともナタネもヒマワリもイネも,すべてハイブリッドが栽培されているとは限らない.

この表0-1によると,20世紀後半の50年の間に,アメリカ合衆国のトウモロコシは3倍,フランスのトウモロコシも3倍,中国のイネは3倍弱,アメリカのソルガムは3倍強,カナダのナタネは1.5倍,アメリカのヒマワリは2.2倍,フランスのヒマワリも2.6倍,アメリカのテンサイは1.4倍,日本のテンサイはなんと4.4倍,そして野菜の象徴ともいえるトマトもタマネギもすべて2倍強から4倍と,実に眼を見はる単収の増加であった.これらの作物でハイブリッドを利用したことによるものと思われ,まさに20世紀の遺伝学の成果でもある.

ここでまず指摘しておきたいことは,雑種にしたその第1代を使おうという発想は,日本で定着していたことである.アメリカでShull(1908)が「雑種が強勢であることをヘテロシスと言おう」と雑種となったものの内容を明らかにして定義付ける前の1906年,日本のカイコ学者外山亀太郎は一代雑種の卵(蚕種という)を使って均一性の高い繭を生産しようと提案(Toyama 1906)し,1911年以来一代雑種の蚕種を生産に積極的に使って,輸出産業の華にまでなった.遺伝学の成果をまず取り入れた先人たちが,日本にいたことを明らかにしておく.

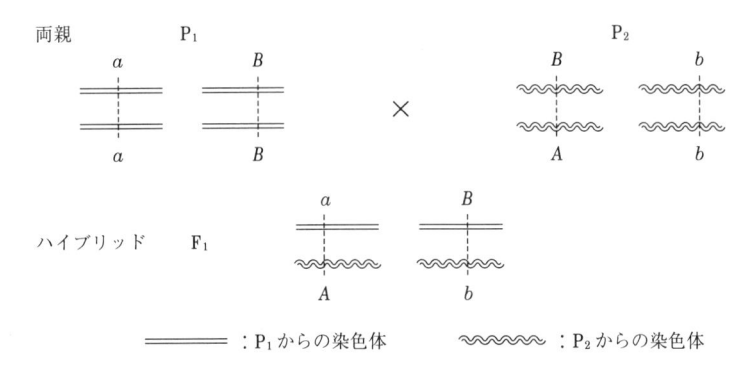

```
両親      P₁                      P₂
       a        B              B          b
       ═══    ═══             ～～～      ～～～
       ═══    ═══             ～～～      ～～～
       a        B              A          b

                     ×

              a        B
ハイブリッド F₁  ═══    ═══
              ～～～  ～～～
              A        b
```

═══ ：P₁からの染色体　　～～～ ：P₂からの染色体

図0-2　両親とハイブリッドの遺伝子型の概念図

そしてトウモロコシ．図0-1は，Frankel(1983)が編集したヘテロシスについての論文集でアメリカのトウモロコシ育種の大御所ともいわれるSprague(1983)が描いたものである．詳しくは第2章にゆずるが，10年間隔でそれぞれの年代につくられたハイブリッド・コーンを，アメリカのアイオワ州内の3カ所，3カ年，3通りの栽植密度で実験した結果である．単位面積当たりの収量（以後本書では，単収とする）は，45°に近い上昇角度で一直線に増加している．

　日本のカイコで均一な生産物を求め，アメリカのトウモロコシで予想もしなかった収量の増加をもたらすハイブリッドとは何なのか？古典的な遺伝学の教えるところのよると，図0-2にあるように，ある形質を支配する遺伝子座について，遺伝子AやBあるいは遺伝子aやbそのものの働きを期待するものではない．対となった遺伝子座がAaやBbというヘテロ接合の状態になって，その結果起こる遺伝子間の働き合いを期待するということに帰結する．それでは，ハイブリッドになる，あるいはハイブリッドにするということは，どういうことなのか？このことが本書の主題である．

　まず第1章では，読者が一代雑種（とくに断りもなく雑種と記すこともある．英語からそのままでハイブリッドと書き，またF₁と記号化もする），つまりハイブリッドという品種の形式が用いられている作物では，どうして雑種にしたのか，するのか，しなければならないのか．その雑種にした効果と利

点にはどんなことがあるのか．いくつかの野菜，ハイブリッドの申し子ともいえるトウモロコシ，さらに思いもよらない作物や3大作物のひとつであってこの20年でハイブリッド化が進んでいるイネについて記す．

　第2章では一代雑種の遺伝学の過去と現在，解決できたこといまだ論争が続いて未解決になっていることを述べ，いまなお「やってみて確かめる」しかない両親の選び方を説明する．さらに生物の本性として，雑種であることこそ生物の生活・生存・種族維持の王道であることに触れる．

　第3章では，一代雑種が植物生産にとってよいことが理解できても，雑種第1代である限り常に両親を交雑して種子を生産しなければならない．高等植物の繁殖方法をよく知り，その仕組みを巧みに利用することによって，雑種第1代の種子が自由自在に生産できるようになった．そのために植物の繁殖の本性を明らかにし，その本性を利用する方法から，この分野における最近のバイオテクノロジーの使い方までを述べる．

　最後の第4章では，20世紀後半に長足の進歩をとげたバイオテクノロジーの世界とハイブリッドの育種との関わりを考え，そしてそのテクノロジーを駆使するために必要な遺伝資源の重要性について，ハイブリッドと関連付けて論じる．

　なお，本書では「ハイブリッドとは何か」の全体像を知っていただきたいために，個々の作物を取り上げるのであって，それぞれの作物についてより正確な情報を知るには，参考文献などを通じて確かめていただきたい．

参考文献（雑種強勢やヘテロシスに関する総説文献には＊印を付した．また著者名でアルファベットが，漢字などを当てた方が理解しやすい場合はカッコ内に示した．以下同様とする．また本文に引用しない文献も重要と思うものは載せた）

　FAO 1990. FAO Yearbook, Production. 44. FAO, Rome. 253pp.
　FAO 2000. Bulletin of statistics. 1 (2). FAO, Rome. 109pp.
　＊Frankel, R. ed. 1983. Heterosis, Reappraisal of Theory and Practice. Springer-Verlag, Berlin. 290pp.
　農林水産省統計情報部　1992. 国際農林水産統計 1992.（財）農林統計協会，東京．

243pp.

農林水産省統計情報部 2002. 国際農林水産統計2002.（財）農林統計協会，東京. 301pp.

Shull, G.H. 1908. Some new cases of Mendelian inheritance. Bot. Gaz. 45 : 103 – 116.

Sprague, G.F. 1983. Heterosis in maize : theory and practice. In "Heterosis, Reappraisal of Theory and Practice". Frankel, R. ed. Springer-Verlag, Berlin. 47 – 70.

Toyama, K.（外山亀太郎）1906. Studies on the hybridology on insects. I. On some silkworm crosses, with special reference to Mendel's law of heredity. Bull. Col. Imp. Univ. Tokyo. 6 : 259 – 393.

第1章　一代雑種の品種はどんな作物で使われているか

　日本では，作物の品種は種苗法という法律で，品種とその育種者の権利が保護されている．2002年12月末で出願件数は15,582件，登録点数は10,959点におよんでいる．出願件数のうち75％は草花・観賞樹で，野菜類と果樹が13％，食用作物やそのほかの作物が8％，きのこなど12％である（農林水産省生産局　2003）．もっとも，植物の品種もまた特許制度の対象であるとして，特許法で保護されることもあり，農林水産省と経済産業省の特許庁との間で，行政上のイザコザが絶えない．このことは日本に限らず世界各国とも同じで，国際植物品種保護条約（UPOV）にもからんでいる．とはいえ保護するという以上，登録された品種の情報は，一定の基準にしたがって公開される．

　ここで注目したいのは，一代雑種となっている作物種は圧倒的に野菜に多く，次いで一代雑種の優等生ともいえるトウモロコシをはじめとし，他殖性のソルガム・テンサイといった類である．永年作物の果樹にはない．別の資料によると国が育種した一代雑種として初めて品種登録された年は，トウモロコシが1951年，野菜のキュウリが1956年で，これら2作物がまず先駆者としてあらわれる．

　高等植物の繁殖方法からみると，ほかの株の花粉を受粉する他殖性の作物で一代雑種という形式が広く使われる．自らの花粉を受精するナス・トマトのような自殖性の作物でも，1個の果実から大量の種子が容易に得られる作物では，人為的に交雑して一代雑種種子を生産し利用している．一代雑種にすることによって収量が上がり，生産物が均一化し，病気や不良環境に抵抗性の遺伝子がひとつの一代雑種に集めやすく，生産物の品質が高くなる．さらに種子産業のうえからは，シーズンごとに新しく改良点を付け加えた種子がすぐに販売できるばかりでなく，毎年一定量の種子を販売するという利点が

ある.

　このためさまざまな作物で一代雑種という形式が取り入れられた．自殖性であるために一代雑種の種子が生産しにくかったヒマワリ・コムギ・イネでも，F_1 種子の採種のために雄ずいや花粉ができない系統（雄性不稔系統という）を種子親に使って，ハイブリッドの種子を生産し，1970年末までにはイネでも一代雑種の品種が現われている．

　一代雑種を農業生産に使おうとしたのは，日本のカイコ，次いでアメリカのトウモロコシだが，もうひとつ忘れてはならないのが野菜の一代雑種である．埼玉県の農業試験場が1921（大正10）年にナスの一代雑種の研究を始め，1924年には浦和交配1号（白茄×真黒），浦和交配2号の実用化を試み，世界で初めて野菜の一代雑種の成果を世に問うている（芦沢 1996）．さらに第二次世界大戦後には，エンドウのようなマメ科の一部と栄養繁殖のものを除くほとんどの野菜で，一代雑種が品種の主流になった（吉川 1996）．

　そこでこの章では，常日ごろ普通に口にしている野菜，家畜を通して貴重な動物タンパク源を支えているハイブリッドの申し子のようなトウモロコシ，そしてこんな作物も一代雑種が栽培されているのかと思われる実例のいくつかを紹介する．さらにそれぞれの作物で，ハイブリッドにする目的や理由は何かを述べることとした．

　なお大別するとハイブリッドとする目的は2通りとなる．まずトウモロコシ・イネ・テンサイ・ヒマワリなどのようにデンプン・糖・油脂の多収穫を目的とする場合がある．もうひとつは野菜の例で，周年供給を目標に低温のような気象的ストレスや病害に対して抵抗性の遺伝子，望みの栽培特性の遺伝子を付与したり，両方の親系統から品質や成分に優れた遺伝子を組合わせてハイブリッドにする場合である．

第1節　野菜類の一代雑種 - その多様性 -

　こころみに，八百屋やスーパーマーケットの野菜売り場に足を運んで，店先や売り場にある野菜を眺めてみる．品種改良と栽培技術，それに流通革命ともいわれる周辺技術のハイテクノロジー化，さらに国境を超えた流通市場の開放で，あらゆる野菜が365日手に入り，口にすることができるようになった．いま手にすることができる野菜の種類（正しくは種）で一代雑種が使われているものは，アカザ科のホウレンソウ，アブラナ科のダイコン・キャベツ・ハクサイ・カブなど，主なウリ類，キク科のレタス，セリ科のニンジン・セルリ，ナス科のナス・トマト・ピーマン・トウガラシ，ユリ科のタマネギ・ナガネギ・アスパラガスと，相当な数にのぼる（山田 2005a）．栄養繁殖するもの以外の多くの野菜が一代雑種である．

　主要な野菜の科の数は18で，広く取り上げても25科程度である（山田 2005b）．しかしこうした品種の多様性で，私たちの食卓に彩りを添えて楽しませてくれている野菜も，この50年で大きく様変わりしてきた．種類が豊富になったことのほかに，1945年を境とした第二次世界大戦の前と後を比べると，多くの野菜でハイブリッド化されていることがわかる．他殖性を基本とした作物がハイブリッドとなったのは当然だが，自殖性でありながら人手で受粉しても大量に種子が得られる作物，ナス・ピーマンとある種のウリ類でもハイブリッドになっている．

　消費者の立場からするといつまでも新鮮で揃いがよいこと，生産者の立場からすると栽培しやすく収穫が容易，しかも播種から収穫までの間に起こる障害から回避できることが，ハイブリッドとする理由である．この節では野菜の中からいくつか代表的なものを取りあげて，ハイブリッドにしたことで得られる特徴をあげてみる．

1. トマト

　トマト（*Lycopersicon esculentum*）はスーパーマーケットや八百屋の棚には，真っ赤な手のひらに乗るようなトマト，ピンク色で大きめの桃太郎という大物品種，プラスチックのケースに入っているミニトマトがある．最近では，調理用トマトのハイブリッドさえ開発されている（北　2000）．

　いま日本人の多くは，ビタミンCの摂取をトマトに負っているといえるかも知れない．生でそのまま，ハンバーグなどと一緒に，サラダの一部に加えて，寝起きのトマトジュースとして，さらにケチャップとして味付けにと，多様な摂取法で日本人の健康を支えている．このトマトは実はナスと同じ自殖性である．ひとつの果実で穫られる種子の数が多いことに目が付けられて，1937年の品種福寿（組合わせはフルーツ×ジューンピンク）にみられるように，野菜類で行われたハイブリッド育種の先達のひとつである．

　トマトでハイブリッドにした理由には，ビタミンCの含有率とプロビタミンといわれるβ-カロテン含有率の向上，ハクサイ・キャベツと同じようにいくつもの病害に対する抵抗性，さらに収穫前の裂果抵抗性を組合わせて集積することにあった（Kalloo 1991）．そこでトマトのハイブリッドについて，以下にいくつかの実例をあげる．

　品種桃太郎はタキイ種苗（株）の育成品種で，1985年以来のハイブリッド品種である．桃太郎の種子親は，（フロリダMH-1×愛知ファースト）の後代のうちで品質が良くて果肉が固い系統であり，花粉親は（米国のミニトマト×トロピグロー）に品種強力米寿を3回交雑して，糖度が高く4つの病害に抵抗性の系統である（なおこれからは，F_1の両親についてF_1の種子を採種する系統を種子親，花粉を提供する系統を花粉親と記す）．つまり野菜では，この両親の特徴を組合わせる育種となっている．その後いくつかの点がさらに改良されて1996年に桃太郎ヨークとされた（住田　2001）．

　一方，ミニトマトもやはり一代雑種で多くの品種があり，組合わせの一方の親系統は栽培種に近い野生種 *Lycopersicon esculentum* var. *cerasiforme* に由来している．ミニトマトの果梗（果実の着く特異な枝）の状態は野生種から

の遺伝子によっていて，その着き方には *L. pimpinellifolium* の遺伝子が入っている（望月龍也の私信による）．ミニトマトのはしりとなったのは，1984年のトキタ種苗（株）の品種サンチェリーというハイブリッド品種であった．ミニトマトなので，果実の着き方が桃太郎とはっきりと違っている（図1－1－1）．桃太郎は果梗1本にせいぜい数個しか着かないが，ミニトマトでは1本の果梗に10個，多いものでは20数個が着く．

そしてハイブリッドの桃太郎もミニトマト群も，食味はいうに及ばず，生育期間にこうむる環境ストレスに対する抵抗性について，両親系統から別々の遺伝子を併せて持っている．

さらにトマトケチャップの原料用のハイブリッド品種ともなると，生食用のものとは色調・味・裂果抵抗性（完全に熟したときに果皮が裂けることを防ぐ遺伝特性）などについては，別の遺伝子を持つ両親を使って組合わせたものとなる．そのためにカゴメ（株）は，加工用トマトのハイブリッド品種カゴメ77をまず1977年，引き続いて1993年にレッドカゴメ932を育種した．レッドカゴメ932の種子親は，米国パデュー大学のPU76-169と米国オハイオ大学のHeinz1775-1とを交雑した後代の系統であり，花粉親はハイブリッドではない品種盛岡17号（後の品種ふりこま）とカゴメ社が育種した系統PK1との交雑後代の系統である．種子親は果実が落ちにくく硬い特徴を持ち，花粉親は色素を支配する遺伝子 hp，og^c を持つ．このハイブリッド品種はまた，トマト加工品に適する色調を持つと同時に2つの病害，萎

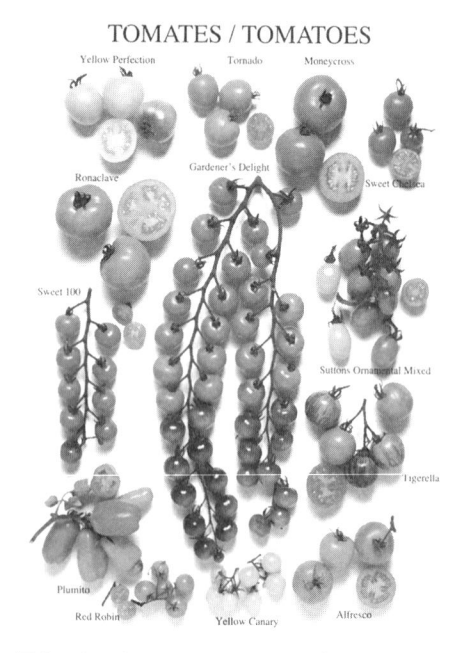

図1－1－1　トマトのいろいろ（Roger 1993）

凋病のいくつもあるレースのうちレース1と半身萎凋病に対して抵抗性で，栽培上の利点を持っている（日園生産研編 1997）．

ところでトマトのカロテン含有率を支配する（生合成を支配する）遺伝子は，結構多い（山田2005b）が，日本で使われ現在でも使われている遺伝子は hp, og^c の2つが主流である．トマトの果実の中には普通，20mg/100gのビタミンCと，ビタミンAの効力に換算して平均390国際単位/100gとなるβ-カロテンが含まれている．先に紹介したレッドカゴメ932の育種の携わった田中宥司（私信による）によると，これら2つの遺伝子 hp, og^c については残念ながら雑種強勢の効果がなく，両親の中間の値となることから，両親系統ともこれらの遺伝子を持たせる必要がある．

次にあげるハイブリッドは，いくつもの病害に対する抵抗性の組合わせ育種の例である．長野県の中信農業試験場（当時）は，1982年と1983年に一代雑種品種，ろじゆたかと同じくしなのあかを育種した．いずれも片親に系統，57-11-7-1-5（前者の種子親，後者の花粉親）を使っている．この系統には，半身萎凋病と萎凋病に抵抗性であるばかりでなく，果実が裂けにくい裂果抵抗性と，いくつかの花が着いた後はそれ以上伸長せず，花芽も分化させない芯止まり性とがある．これらの遺伝子はメリーランド州立大学から入手した

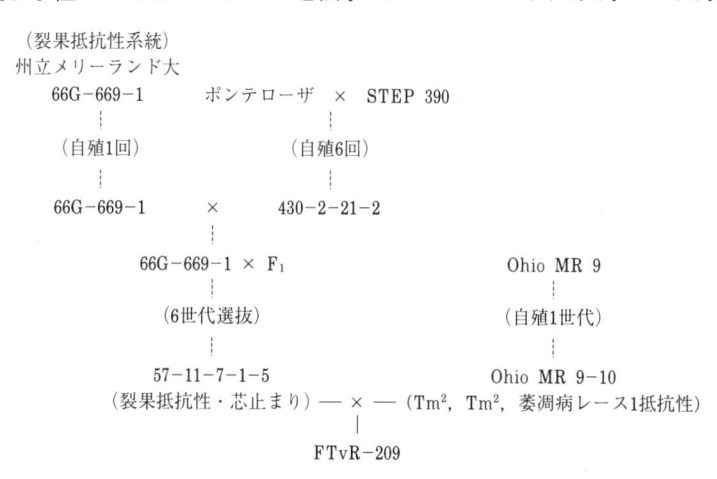

```
    （裂果抵抗性系統）
    州立メリーランド大
       66G-669-1           ポンテローザ  ×  STEP 390
          ⋮                        ⋮
       （自殖1回）              （自殖6回）
          ⋮                        ⋮
       66G-669-1       ×      430-2-21-2
                   ⋮
              66G-669-1 × F₁              Ohio MR 9
                   ⋮                         ⋮
              （6世代選抜）              （自殖1世代）
                   ⋮                         ⋮
              57-11-7-1-5              Ohio MR 9-10
            （裂果抵抗性・芯止まり） ─ × ─ (Tm², Tm², 萎凋病レース1抵抗性)
                              │
                          FTvR-209
```

図1-1-2 トマトのハイブリッド品種「FTvR-209」と両親系統の育種
（山田 1987から一部改写）

別の2つの品種,ポンデローザとSTEP390の交雑後代から見つけ出したという.図1-1-2にあるように,57-11-7-1-5はその優秀性がハイブリッド品種,FTvR-209で確かめられて(山田 1988)から,ろじゆたか,しなのあかでも積極的に使われた.なお,ろじゆたかの場合は,さらに別の萎凋病レース1に対する抵抗性とTMV(タバコモザイクウイルス)の2つのレース(トマト系とS千葉系)に抵抗性の遺伝子 Tm^{2a} を持つ系統を花粉親としている.こうした病害抵抗性の遺伝子を集積したハイブリッドは,農薬の使用量を減らすまさに減農薬そのものの育種である.

消費者にとって完熟性は,トマトの味を評価するものとして魅力がある.先にあげた桃太郎の場合,種子親は果実の硬さ,果色がピンク,果肉部分が厚いことに特長があり,一方の花粉親は萎凋病や半身萎凋病,さらにネコブ線虫などに抵抗性,そのうえ糖度が高く果色がピンクであるように育種・選抜された.つまり,いくつかの病害に抵抗性であることは生産者にとって好ましいし,果実の色,硬さ,完熟性は消費者の意向に合う.こうして,望みの両親系統の育種に成功しすぐれたハイブリッドとした.ところでハイブリッドにすることによって,両親系統の持つ特性が隠されてしまっては何にもならない.幸い種子親の果実の硬さ,果色がピンク,果肉部分が厚いことなどは,花粉親は持っていない特徴だが,その間のハイブリッドで優性遺伝子として働き,はっきりと発現している.

ここであげたトマトの組合わせ育種の例は,日本で実際に育種されているものであるが,Gergiev(1991)は,13の特性の58の形質についてそれらを支配する遺伝子の働き方を整理し,さらに7つの特性に関わる17の形質については,両親系統が持つ遺伝子や特徴によって,ハイブリッドに発現される仕方を整理している.たとえば,少日照下での生長や低温下でも生長する抵抗性は,両親の中間の抵抗性しか現わさない.この場合,ハイブリッドにすることで片親の望ましい遺伝子の効果が減ってしまうが,もう一方の親が多くの点で優れていて,いくつかの特性さえ改良できれば良しとする場合もある.なぜ中間程度の抵抗性に止まるのかは後の章で論じることとする.

なお1990年代に,アメリカのカルジーン社は遺伝子操作の第1号作物とし

て，フレーバーセーバ(FLAVR SAVR)という品種名のトマトを開発，94年にはその果実を市販した．トマトの日持ち性を高める遺伝子，つまり果肉を軟化させる酵素ポリガラクツロナーゼの活性を抑える作用をするアンチセンス遺伝子(遺伝情報を伝えるmRNAに対してそれを補う配列のRNAと対合すると，遺伝情報が届かなくなる働きをする遺伝子)を持つようにしたものである．この品種がハイブリッドかどうかは不明だが，この遺伝子が優性遺伝子なら両親のいずれかの片親にのみ導入すればよいし，劣性遺伝子なら両親ともこの遺伝子を持たせなければならない．

2. キャベツの仲間

キャベツ(*Brassica orelacea*)は染色体ゲノムがC，染色体数の基本数は$n=9$である．同じ種に入るものに芽キャベツ・カリフラワー・ブロッコリがある．キャベツの場合は，収穫時期には一定の球型に落ちついて，平べったい型(扁平型という)や丸っこい型(腰高型や球形型という)，それに北海道の秋ともなると，漬物用に直径が50cmにもなろうという札幌群といわれる数品種が，冬をひかえて漬物用に店頭に現われる．

どんな型のものでも，それなりに揃った形にならないと消費者が戸惑うので，同じ球型同士の間で一代雑種とする．芽キャベツであれば，株の葉柄の付け根にできる芽キャベツが同じような収穫期になっていないと，消費者に揃った熟度の芽キャベツを提供することができない．カリフラワーでもブロッコリでも，程度の差こそあれ求められる特性は，キャベツや芽キャベツと同じである．おまけにキャベツの仲間は本来，畑では寒さに遭うと花芽を分化する遺伝子を持つものと，そうでない鈍感な遺伝子を持つものとがある．こうした花芽分化を制御する遺伝子を持つ両親系統を選ぶことによって，年がら年中いつでも栽培が可能なハイブリッドが生産者に提供されている．花芽が分化してしまうことを抽苔性といわれ，葉を利用する葉菜類では不都合な性質である．

キャベツ，中でも結球する食用キャベツの栽培は，安政年間(1854～1598年)に外国人居留地から始まった．その後静岡県農業試験場の篠原捨喜によ

って，ステキ甘藍（カンランと読み，キャベツの古くからのいい方）が育種された．これがキャベツのハイブリッド第1号であった（芦沢 1996）．野菜の育種研究者の芦沢正和によると，篠原は業半ばで中国に行く羽目になり，後任の宮沢文吾がその名の「捨喜」と「素敵な」をからめて，ステキ甘藍と名付けた．1940（昭和15）年秋のサカタ種苗（株）の目録に載せられている．

第二次世界大戦の後，365日いつでもキャベツを口にすることができるようになったことは，キュウリの場合を含めて，野菜の育種家と栽培技術の改良普及をめざした人々の努力の成果である．キャベツの場合，1950年代後半から播く時期に応じたハイブリッドが育種された．春キャベツ，初夏キャベツ，夏秋キャベツ，それに冬キャベツと実に多様で，とくに初夏キャベツや夏秋キャベツにとっては暑さに耐性の品種が求められ，その要望は達成された（辻本 1983）．

キャベツの繁殖方法は他殖性で，自らの花粉は受精しない自家不和合性という特徴を持っている．それと同時によりもっと大切なのは，キャベツ・ハクサイを含む*Brassica*属の染色体のゲノム構成について，図1-1-3のような種の間の関係になっていることである．

*Brassica*属の染色体ゲノムは，A，B，Cの3つが基本で，それぞれハクサイの仲間，クロガラシの仲間，キャベツの仲間を構成し，基本となる2倍体である．そしてAB，AC，それにBCが，人為的にも合成可

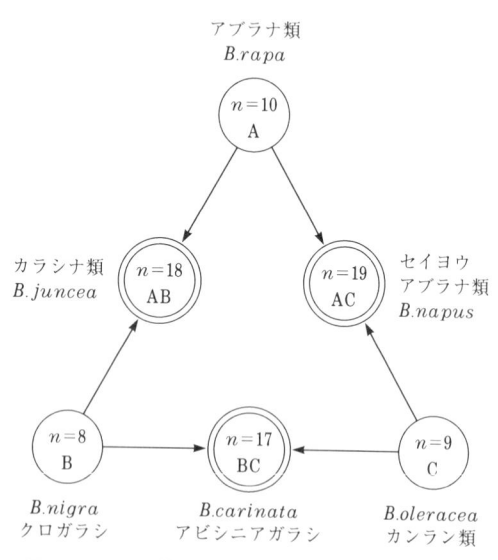

図1-1-3　栽培アブラナ類，*Brassica* 6種の染色体ゲノムの相互関係

"禹博士の三角形"といわれ，図中の一重丸は2倍体種で，二重丸は複2倍体種を示す．

アブラナ類 *B.rapa* $n=10$ A

カラシナ類 *B.juncea* $n=18$ AB

セイヨウアブラナ類 *B.napus* $n=19$ AC

B.nigra クロガラシ $n=8$ B

B.carinata アビシニアガラシ $n=17$ BC

B.oleracea カンラン類 $n=9$ C

能な複2倍体である．とくに染色体ゲノムACの*Brassica napus*は，油料作物の洋種ナタネそのものである．この*Brassica*属の染色体ゲノム構成は，日本でU（禹）(1935)によって決定された．このようなゲノム構成に注目して，異ゲノム種間の交雑で，種を超える遺伝子の相互利用も行われているので，後述する．

キャベツのハイブリッドは，タキイ種苗（株）が招いた禹長春の示唆もあったのか，タキイ種苗（株）がつくったハイブリッド品種，長岡交配1号が1951年に発表された（吉川 1996）．この後，相次いでハイブリッド品種が育種された．第二次世界大戦のあと，キャベツが食卓で占める割合が高くなるにつれて，1年中供給するとの考えから，キャベツの周年栽培が確立されたことはすでに触れた．このことは「作型が多様になった」，「作型にそった品種が欲しい」となって，現在は地方，地方の栽培時期に適う品種，もちろんハイブリッドが数多く育種され，提供されている．

3．ハクサイ

ハクサイ（*Brassica rapa* var. *pekinensis*，以前は*Brassica campestris* var. *pekinensis*としていた）は染色体ゲノムがA，染色体の基本数が$n=10$である．ハクサイは英語でChinese cabbage（ロシア語でもキタイスカヤ・カプースタ（意味は中国のキャベツ））といい，中国原産の野菜であることは一目瞭然である．ハクサイが日本に入ってきたのは19世紀後半で，本格的に導入されたのは1875年であった．その後，中国大陸に従軍した人の中で種子を持ち帰ったという話が多い（渡辺 1983）．

ハクサイのハイブリッドは，第二次世界大戦後の1951年に早くも姿を現わしているが，その後のハイブリッド化の歴史は単純ではない．中でも中心的役割を果たしているのが，平塚1号という品種である．キャベツの項で図1－1－3として示したように，アブラナ属の種では，異なる染色体ゲノムの種の間で交雑ができ，遺伝子を移動させることができる．平塚1号はキャベツの品種サクセッションとハクサイの品種芝罘（チイフウと読む）とを交雑した後代から，染色体数の倍加操作と選抜を繰り返すことで固定した染色体ゲノム

がACの合成ナプスCO（当時の学名 *Brassica campestris* のCと *B. orelacea* のOによる）に，さらにハクサイの松島新2号を交雑し，そのうえハクサイに近づけようと松島新2号を戻し交雑して，望みのものとした（清水ほか 1962）．このハクサイ平塚1号は，キャベツの遺伝子をいくつも取り込んでいるためか，軟腐病・モザイクウイルス病などの病害に対して抵抗性遺伝子を持つことから，長い間育種の素材として使われた．

　ハクサイやキャベツが属するアブラナ属は，ほとんどが自株の花粉を受精させない自家不和合性という遺伝的特性によって，他殖性となっている．このことはハイブリッドの種子を生産するのには好都合である．望みの組合わせの両親を同じ畑に栽培して，自由に花粉を交換させればよく，そのままハイブリッドの種子が生産できる．しかし自家不和合の遺伝子を品種の中にもっている以上，品種といってもその均一性は完全ではない．それでも，ある程度均一になるように選抜された品種や系統の間でハイブリッドにすることで，多くの遺伝子がヘテロ接合となり，生産物である葉の特徴や形が整う．もっとも最近は，自家不和合性ではなく，雄性不稔性（これについては後述）をより多く利用している（荒川弘・宮崎省次の私信による）．

　ハクサイにとって克服したい特性は，抽苔性・軟腐病・根こぶ病・モザイクウイルス病が主なものである．ハクサイを栽培するうえで重要なことは，キャベツ同様花芽の分化に続く抽苔性の制御である．ハクサイはもちろんキャベツも，1日の最低気温が10℃以下，平均気温が15℃以下の日が30日以上続くと，花芽を分化してしまい，やがて暖かい日になって抽苔・開花する．低温に遭う期間が短くても花芽を分化してしまう特性は，優性の作用をする遺伝子による（香川 1971）から，秋播きのハイブリッドの両親系統にはこの遺伝子について劣性ホモの接合状態とし，結果として花芽分化しにくい特性を持ったものが要求される．

　軟腐病はハクサイの大病害で常に農家を悩ませている．軟腐病（白腐病ともいう）に対する抵抗性遺伝子は，さきに述べた平塚1号に負うところが大きい．根こぶ病の抵抗性のハイブリッド品種は，（株）渡辺採種場が1984年に育種したストロングCR75が最初であった．根こぶ病の抵抗性遺伝子はハクサ

イの遺伝資源にはめぼしいものが見当たらず，北欧の飼料用のカブにあることがわかったので，導入した品種GELRIAなどとハクサイとを交雑し，根こぶ病抵抗性遺伝子を持つハクサイの親系統を育種した．片親だけできてもハイブリッド品種としては未完成である．もう一方の親系統では，平塚1号に由来する軟腐病に抵抗性の遺伝子と，モザイクウイルス病に抵抗性の遺伝子を持つものとする必要があった．このストロングCR75は，カブの持つ風味がありしかも葉質が軟らかいことから，かなり評判がよい（日園生産研編1985）．

こうしてみると，ハクサイでハイブリッドにした意味は，大きな結球性を求めるのではなく，いくつかの形質で両親がそれぞれ持っている遺伝子を，ハイブリッドにすることによって集めることであって，著者はこれをハイブリッド化による組合わせ育種と呼んでいる．トマトの研究者山川邦夫は「いくつもの形質について固定品種を育種する場合，始める前の系統数は形質の数が増えるにしたがい等比級数的に増やさねばならないが，ハイブリッドの品種を育種する場合は，組合わせる系統数は等差級数的に増やすだけでよい」と，組合わせを主体としたハイブリッド育種上の長所を述べている．

ハクサイを含むアブラナ科植物の多くは，自家不和合性（のちに詳述）なので自分の花粉は受精しない．同じ系統内で別の自家不和合性の遺伝子を持つ個体と一緒に植えて，不和合とならない花粉を飛散させ，受粉・受精を完成

図1-1-4 松島湾内に散らばる小島に隔離して採種栽培されるハクサイ
ハイブリッド種子の採種のためには1つの島に1組合わせの両親系統のみで，親系統の採種のためには1つの島に1親系統のみとなる（渡辺頴悦の好意による）

させ種子を得る．そのためには，隔離状態にした畑でほかの系統の花粉が来ないようにする，つまり花粉を持ち込む虫，ミツバチ・ハナアブなどが，それぞれの隔離された畑の間を往き来できないようにしなければならない．

一般にハクサイでは，必要としない花粉との交雑を避けるために，障害物がない場合には2つの畑の間を1km以上とすることが必要である．もちろんキャベツ・カブ・コマツナなどのアブラナ科，ニンジンやネギ類の場合も同じである．日本のように海に囲まれていると，離れ小島を使うことも一案で，先にあげた宮城県の(株)渡辺採種場は，第二次世界大戦以前から松島湾に散らばる小さな島々に目を付け，その島々に別々の系統を栽培して，系統ごとの隔離栽培にしている．もちろん図1-1-4にあるように，F_1の種子の採種にもこの島々を使っている．

4．タマネギ

タマネギ(*Allium cepa*)もハイブリッド品種の独り舞台である．1979年に北海道農業試験場(当時)の小餅昭二(1980)のグループは，フラヌイ(富良野のアイヌ語読み)という一代雑種を育種した．

当時の北海道では富良野を中心に，タマネギの作付面積が飛躍的に増えていった．そうなると乾腐病が広まり，その発病が栽培面積の3分の1にもおよんだ．小餅のグループは，ハイブリッドにすればこの病気に対する必要な抵抗性遺伝子が，両親から集められると考えた．

まずアメリカのウィスコンシン大ガベルマン教授から系統W202を譲り受けた．W202は，乾腐病にある程度抵抗性であり，しかもF_1種子の採種に好都合の雄性不稔性の遺伝子を持っていた．一方，この病気が多発している富良野一帯で栽培されていた在来の品種札幌黄を自殖して得られた97の系統から，乾腐病に抵抗性の16の系統を選び，さらに貯蔵性などについても優れていた1系統，F316を選び出した．その結果W202と組合わせてできるF_1のフラヌイは，収量は25％増，乾腐病の発生がほとんど抑えられ，しかも貯蔵中に腐敗する割合も半分に減った．なお雄性不稔であるW202の種子の採種生産についても，後で述べる．

フラヌイが普及した後，乾腐病病原菌の方も生き残らねばならず，少しずつフラヌイを犯すようになっていった．そして7年後，同じW202を種子親，やはり在来種の札幌黄の1つ札幌黄・逆野系から選抜したOPP-1を花粉親に選んで，この組合わせの一代雑種ツキヒカリが登場している（田中ほか1987）.

主産地である富良野周辺は乾腐病の常発地だった．そして古くから栽培されていた在来種は，遺伝的に必ずしもホモ接合ではないので，この病害に対する抵抗性の遺伝子を潜在的に持っていても不思議ではない．このようにある種の環境抵抗性は，生物学的ストレスであれ物理化学的なストレスであれ，そのストレスが発生する場にこそ抵抗性遺伝子が潜在的に淘汰選抜されていて，そこに生育する集団内に温存されている例といえる．同様な例がトウモロコシのスジイシュク病に対する抵抗性の遺伝子でも見られた（Minami *et al.* 1989）.

食卓にのぼるタマネギは根ではなく，茎の部分が太って丸くなった鱗茎の部分で，球茎という．この球茎の部分の形はまさにさまざまで，扁平のものから腰高のものまであり，最近ではシチュー用にミニ・タマネギがあって，図1−1−5のようにいろいろな形のタマネギを眼にする．ここでは北海道のタマネギを例としたが，日本のタマネギは北海道のほかに大阪で広く普及した泉州黄という品種があり，19世紀末期には輸出までしていた．もっともハイ

図1−1−5 タマネギのいろいろ（伊藤喜三男の好意による）

ブリッド品種ではなかった．

5．ホウレンソウ

ホウレンソウ（*Spinacia oleracea*）というと，アメリカの漫画「ポパイ」の缶詰やお袋の味としてのお浸しが，目に浮かぶ．最近では消費の拡大と健康志向から，生で口にするサラダ用の品種も開発されている．

ホウレンソウは大きく分けると，西洋種と東洋種とに分けられる．原産地がペルシャ（現在のイラン）・コーカサス地方であって，東方と西方に分かれて伝播して定着したことから，大ざっぱに西洋種と東洋種という．西洋種と東洋種に，それぞれ特徴ある遺伝子群を内在させていることから，ホウレンソウのハイブリッドは典型的な両親を組合わせる育種の産物といえる．

（株）サカタのタネが育種したハイブリッド品種リードは西洋種と東洋種の組合わせで，西洋種の品種 Viroflay × Medania の後代集団から，べと病菌のレース1とレース3（レースとは作物における品種と見ればよい）に抵抗性で，寒さに耐えて抽苔がしにくい特性を持つ系統を選び出して種子親とした．一方で1935年に中国の済南から台湾を経由して日本に導入され，福岡や奈良で在来化した禹城という品種群から，暑さに強く消費者にも好ましい品質の系統を選んで，花粉親とした（日園生産研編 1985）．

禹城はこのあとに記す雌雄性について，中間的なものを多く含んでいた．禹城のこのような繁殖の特徴から，多くの遺伝的組成の違ういくつもの系統が得られた．ハイブリッドであるリードは結局，西洋種と東洋種の特徴を併せ持ったもので，強健で緑色が濃く光沢があって日持ちがよい．同じ（株）サカタのタネのハイブリッド，アクティブはやはり西洋種と東洋種の特性をたくみに使ったもので，やはり在来種の禹城に由来して抽苔性が低く，高温期に出やすい萎凋病に抵抗性のものである．

ホウレンソウの食用部分は，ハクサイ・キャベツと同じように葉身のため，花が咲いた姿は普通はお目に掛からない．種子会社の採種用の畑か家庭菜園で収穫しそこなって放置してあった株で，見ることができる．ホウレンソウの花を注意してみると，雌雄異株つまり雌花のみの個体（遺伝子型）と雄花の

図1-1-6 ホウレンソウの花器
a：雌性花　　　　b．両全花　　　　c．雄性花

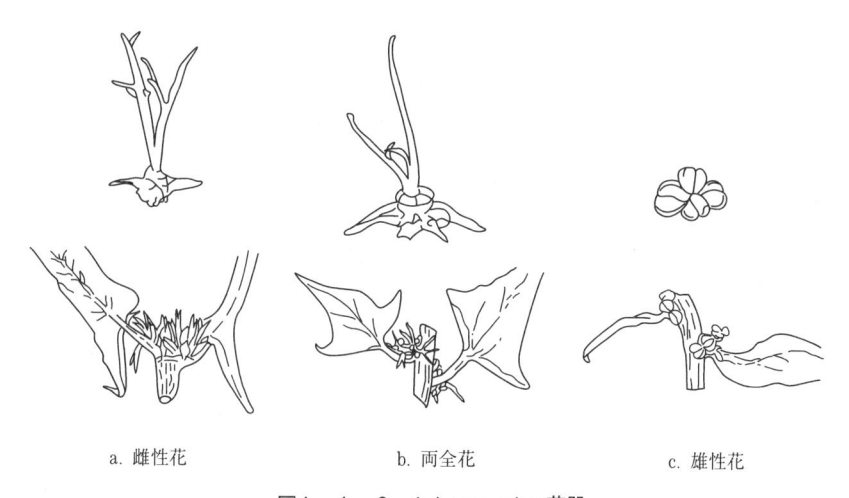

図1-1-6　ホウレンソウの花器
a：雌性花は葯がない．b：両全花は花柱と葯を持つ．c：雄性花は花柱・柱頭がない．

みの個体とに分化している．図1-1-6にあるように，その中間型である両全花（雌しべ・雄しべが完備）のものもあってしかも遺伝的にも安定している（西・平岡 1961）．

　雌雄異株であることは，F_1の種子を採る採種栽培にとっては大変好都合である．ところがまた，雌性部分と雄性部分を分化している両全花性を持つ型には，優れた特性を示すものもある．しかし，ハイブリッドの種子を採る両親系統のためには，この両全花の特性を遺伝的に取り除くことが，純度の高いF_1種子の採種のためには欠かせない．

6．キュウリ

　キュウリ（*Cucumis sativus*）のハイブリッド品種は，ナス・スイカに次いで早くから試みられたもので，1930年代前半にすでに用いられていたが，その後の15年間続いた戦争でいったん頓挫し，第二次世界大戦後になって積極的にハイブリッド化された．

　第二次世界大戦後の日本では，すべての野菜を1年中口にできるようにすることが，日本人の食生活の向上のために生産者に求められた．一口に周年栽

培といい,まずキャベツ,次いでキュウリで可能となった.キュウリの場合も,春播き,夏播き,秋播きのそれぞれに応じたハイブリッド品種がある.関東地方を例に取ると,促成(2月から3月の収穫),半促成(3月から7月),早熟(6月から7月),そして抑制(9月から11月)と,1年中消費者にキュウリを届けている.

こうしたことが可能になったのも,ハイブリッドにしたことが大きく関与している.たとえば促成や半促成栽培では,つる割病・疫病が発生しやすいことから,両親のそれぞれに別々の抵抗性遺伝子(群)を持つものを選び,ハイブリッドにすることによって抵抗性のキュウリを栽培することができる.いくつかの遺伝形質について,ハイブリッドにすることによって常に発現させるには,表1-1-1が参考になる.

もし,べと病と黒星病に抵抗性のF_1をつくるとすると,両親系統はいずれもべと病に抵抗性(遺伝子は劣性ホモ接合で発現)であることが必要で,黒星病についてはどちらか一方の親にのみ抵抗性遺伝子(遺伝子は優性で発現)をホモ接合で持たせればよい.さらに芯止まり性(トマトの例と同じ)を付け加えようとする場合にも,黒星病抵抗性遺伝子の場合と同様,どちらかの親がこの遺伝子についてホモ接合であればよい.

表1-1-1の最下段にブルームレスという形質がある.これはキュウリが出荷後いつまでも新鮮さを失っていないことを示す形質である.大分以前はキュウリに白い粉が噴いたようになっていて,その粉状のものが新鮮さの目印でもあった(必ずしもそうとはいえないが).この粉がブルーム(bloom)で

表1-1-1 ハイブリッド・キュウリの形質を支配する遺伝子の組合わせ方

形質	支配する遺伝子の数と働き方	ハイブリッドにするには
べと病抵抗性	同義遺伝子3対でいずれも劣性	両親とも抵抗性の材料
黒星病抵抗性	1因子遺伝で優性	片親のみ抵抗性の材料でよい
うどんこ病抵抗性	1因子遺伝で劣性	両親とも抵抗性の材料
つる割病抵抗性	同義遺伝子2~3対らしい	両親とも抵抗性の材料
芯止まり性	1因子遺伝で優性	片親のみ抵抗性の材料でよい
黒色とげ	1因子遺伝で優性	片親のみ黒色とげの材料でよい
ブルームレス	—	両親ともブルームレス

注:同義遺伝子とは,1つの形質を支配する遺伝子座が違う遺伝子(複数)のこと.

ある．キュウリの表面には，いわゆるイボとは別にトリコーム（trichome，毛状体）という突起があって，開花したばかりの雌花では，白く見えるほど密に発生する．成熟肥大したのちも，表面に散らばってブルームとなる．そこでこのブルームの有無を新鮮さの目印としなければよい訳で，ブルームレスの両親系統を選抜して組合わせればよい．つまりスーパーマーケットで新鮮さをアピールするには，ブルームレス（ブルームが無いの意）が望ましい（芦沢1996）．そしてハイブリッド・キュウリは，その特徴を備えなければならない．もっともブルームレスとするには，栽培上のやり方もあって，カボチャを台木，接ぎ穂をキュウリにすることでもできる．

現在は，埼玉原種育成会のシャープ1（日園生産研 1988）と（株）ときわ研究農場の南極1号（日園生産研 1985）というハイブリッド品種が広く栽培されている（農林水産省調べ）．

シャープ1の特徴は，キュウリの端境期を埋め合わせるために9月播きで，越冬の栽培条件としての弱光，気温・地温が低い条件でも，果実の肥大性を維持できる．それまでに使われていた緑の宝×王金女神1号のハイブリッドの中から選び出した系統と，神緑2号から自殖選抜した系統とのハイブリッドである．そのうえ果実の大きさなどを維持するために，結局雌花の数を少ないものにした．果実は見栄えのよいブルームレスで，次に述べる南極1号と併せて，栽培面積の50％を占めている．

一方，南極1号は，種子親には緑色が濃く光沢のあるブルームレスに近いものが選ばれ，花粉親にはハウス栽培の異常な暑さに抵抗性であるものが使われている．その結果，ハイブリッドになった南極1号はキュウリの長さが21～22cmで果肉が厚く，消費者に好まれている．もちろんブルームレスであることに変わりはない．

なおキュウリは雌雄異花だから，種子親とする系統の雄花を人手で摘むのが容易で，ハイブリッドの種子も大量に得られる．

7．ニンジン

ニンジン（*Daucus carota*）はタマネギと同じように，地下部の根である栄養体を利用する．ニンジンもタマネギのように生産物が根という栄養体なので，ハイブリッドの植物が開花するまで待つわけではなく，根という収穫の対象部分が十分生長すればよい．

ニンジンの場合もハイブリッドにする目的は，病害の抵抗性を一気に集めることと，生産物の大きさ・型の均一化，収穫期の揃いにあって，組合わせ育種というものである．

1965年にタキイ種苗（株）が，雄性不稔性を使ったハイブリッド品種，向陽五寸（寸とは古来からの日本の計測単位，尺貫法の単位で1寸は3.03cm）とロイヤルクロスをまず最初に育種した．とくに向陽五寸は，西日本での春の収穫から中央高冷地で夏に収穫でき，円筒形に近い総太り型のものとして利用された．そして現在は，1985年頃に同じタキイ種苗（株）が育種した向陽二号が，その栽培特性と消費市場の要望に合致しているためか，広く栽培されている．向陽二号の特徴は，向陽五寸よりもさらに播種期を選ばない春・夏兼用で，病害にも抵抗性である（日園生産研 1988）．ニンジンとしての根の形も，向陽五寸と同様円筒形に近く，スティック状で食卓に載せるのに適している．

向陽二号の種子親は，ハイブリッド種子の採種に好都合な雄性不稔性を持つ大型三寸雄性不稔系で，花粉親は黒田五寸系である．つまり向陽二号は三寸系×五寸系で，10cm程度のものと15cm程度のものとの雑種ということになる．ニンジンは大別して，収穫する根の長さから長根種・中根種・短根種とされていて，向陽二号は中根種である．消費者にとって有難いのは，ハイブリッドにするとニンジンの重要な栄養素のひとつカロテンの含有率が，両親の含有率を超えて高くなるということにある．

ニンジンのハイブリッド種子を生産するのには，タマネギと同様両親系統のうち種子親が雄性不稔でありさえすればよく，ハイブリッドにしたときにその F_1 の花が，可稔か不稔かは問わない．ニンジンでは，すでに19世紀末に

は雄性不稔性が見出されていた．Kaul (1982) によれば1885年に Beiyernirk, 1889年に Staes, 1896年に Warenstorf がそれぞれ普通に栽培されている畑で見つけたが，一代雑種種子の採種のために用いられるようになったのは，比較的新しい．実用品種で雄性不稔性を使ったハイブリッドは，1947年の一代雑種のテンダースイートが初めである (Welch and Grimball 1947)．それからは積極的にハイブリッドとなった．

　ニンジンの雄性不稔遺伝子は，ほかの植物に比べると温度条件に影響されて雄性不稔の発現が不安定であり，温度が高いと稔性が回復してしまう．このことは必ずしも不都合ではなく，自殖の種子を得ようとする栽培では，野外から温度を制御できる施設に持ち込めばよく，こうした方法を Timin and Dobrutskaya (1981) が提案している．

　この節の初めに記したように，野菜のハイブリッドを見ると，ここで取り上げた野菜のほかにもダイコン・カブ・ピーマン・カボチャ・レタス・ナガネギなどがあるが，育種・遺伝学の成果としてのハイブリッド利用については，ここであげた例とあまり差がないので，以上でおおよそ網羅したと思う．

参考文献

芦沢正和 1996．野菜の品種の変遷．西尾敏彦ほか編，昭和農業技術発達史 第3巻 果樹・野菜作編．農文協，東京．391 – 411.

Beiyernirk, M.W. 1885. Gynodioecie bei *Daucus carota* L. Neder Kruidk Ark Ser 2 (4) : 345 – 355.

Gergiev, H. 1991. Heterosis in Tomato Breeding. Kalloo, G. ed. "Genetic Improvement in Tomato". Springer-Verlag, Berlin. 83 – 98.

治田辰夫 1968．そ菜におけるヘテロシスの育種的利用．育種学最近の進歩 9 : 73 – 86.

香川彰 1971．十字花科ソ菜の開花感応性の遺伝に関する研究．岐阜大農研報 31 : 41 – 63.

Kalloo, G. ed. 1991. Genetic Improvement of Tomato. Springer-Verlag, Berlin. 358pp.

Kaul, M.L.H. 1988. Male Sterility in Higher Plants. Springer-Verlag, Berlin.

1005pp.

北宜裕 2003. ビタミン1.5倍, リコピン・グルタミン酸1.7倍, 生食できるクッキングトマト, SPL8. 現代農業 2003 (2): 94 – 95.

小餅昭二 1980. たまねぎ新品種「フラヌイ」. 農業技術 35: 19 – 21.

Minami, M. *et al.* 1989. New selected inbred lines for resistance to maize streaked dwarf virus from Japanese landraces in Maize. Proc. Intern. Cong. SABRAO 1: 217 – 220.

望月龍也 1995. トマトの高品質遺伝子の利用に関する育種学的研究. 野菜・茶試研報 A10: 55 – 139.

財団法人日園生産研編 1966. 蔬菜の新品種 (第4巻). ニンジン: 向陽五寸, トマト: 桃太郎. 誠文堂新光社, 東京. 102pp.

財団法人日園生産研編 1985. 蔬菜の新品種 (第9巻). ハクサイ: ストロングCR75, ホウレンソウ: リード, アクティブ, キュウリ: 南極1号. 誠文堂新光社, 東京. 238pp.

財団法人日園生産研編 1988. 蔬菜の新品種 (第10巻). ニンジン: 向陽二号, キュウリ: シャープ1. 誠文堂新光社, 東京. 238pp.

財団法人日園生産研編 1997. 蔬菜の新品種 (第13巻). トマト: レッドカゴメ932. 誠文堂新光社, 東京. 198pp.

西貞夫監修編 1986. 野菜種類・品種考. 農業技術協会, 東京. 394pp.

西貞夫・平岡達也 1961. ホウレンソウの性発現に関する研究. I. 品種と性表現型について. 農技研報 E9: 129 – 159.

西尾敏彦ほか編 1996. 昭和農業技術発達史　第3巻　果樹・野菜作編. 農文協, 東京. 1002pp.

農林水産省農林水産技術会議事務局地域研究課 2003. 農林水産省農作物命名登録品種一覧. 東京. 79pp.

農林水産省生産局 2003. 第15回品種登録年報. 東京. 183pp.

皿嶋正雄 1973. 飼料用創成ナプスの育成に関する研究. 宇大農学報特輯 29: 1 – 117.

清水茂ほか 1962. ハクサイの白腐病抵抗性育種に関する研究 (第3報) 種間交雑による白腐病抵抗性品種「平塚1号」の育種. 園試報告 A1: 157 – 174.

Staes, G. 1889. Die Blumen von *Daucus carota*. Bot. Jahrb. 1: 124.

住田敦 2001. トマト品種「桃太郎」の育成. 研究ジャーナル 24 (2): 9 – 12.

田中征勝ほか 1987. タマネギ新品種「ツキヒカリ」の育成とその特性. 北農試研報 148: 107 – 129.

Timin, N.I. and E.G. Dobrutskaya 1981. Cytoplasmic male sterility under different environmental conditions. Ekol. Genet. Moldavian USSR 147: 1 – 19.

辻本建男 1983. キャベツ品種の発展と分類. 野菜全書第2版, キャベツ・ハクサイ・ホウレンソウ・シュンギク・ツケナ類. 農文協, 東京. 73 − 80.

U, N. (禹長春) 1935. Genome-analysis in *Brassica* with special reference to the experimental formation of *B. napus* and peculiar mode of fertilization. Jpn. J. Bot. 8 : 389 − 452.

Warenstorf, C.C. 1896. Bluetenbiologische Beobachtungen aus der Ruppiner Flora im Jahre 1895. Bot. Ver. Germany 38 : 15 − 63.

渡辺頴悦 1983. 来歴と育種の推移, 品種の特性と分類. 野菜全書第2版, キャベツ・ハクサイ・ホウレンソウ・シュンギク・ツケナ類. 農文協, 東京. 259 − 270.

Welch, J.E. and E.L. Grimball 1947. Male sterility in the carrot. Science 106 : 594.

*山田実 1988. 作物の一代雑種利用とヘテローシスの理論. 第7回基礎育種学シンポ 3 − 12.

山田実 2005a. 作物の一代雑種とヘテローシス−その実際と科学−〔3〕. 農業および園芸 81 (3) : 424 − 432.

山田実 2005b. 作物の一代雑種とヘテローシス−その実際と科学〔6〕. 農業および園芸 80 (5) : 724 − 732.

吉川宏昭 1996. F_1品種の発達. 西尾敏彦ほか編, 昭和農業技術発達史. 第3巻 果樹・野菜作編. 農文協, 東京. 426 − 436.

第2節　一代雑種のモデルとしてのトウモロコシ（その1：背景にあるもの）

　1950年代後半, 当時のソビエト連邦の農業生産は相変わらず不振にあえぎ, 指導者フルシチョフはその在任中にアメリカを訪問して農場を見学し, トウモロコシの生産性の高さに眼を見張って帰国後, 全国的にトウモロコシの一代雑種つまりハイブリッド・コーンを生産せよとの大号令を掛けた. ロシア人たちはこの間の経緯をさっそく小話に仕組んで, フルシチョフをニキータ・ククルーズィニク（トウモロコシはロシア語ではククルーザ）とかげ口を叩いたと, 当時を知るロシアの友人は教えてくれた. フルシチョフがアメリカの農場を見て回った頃, トウモロコシは全国平均で単収が70ブッシェル/

エーカー，見学したのが主産地だとすると80ブッシェル/エーカー（5.90t/ha）程度であっただろう．

アメリカのトウモロコシのこのような高い単収は，一朝一夕に到達したわけではない．ここでは，著者もまた深く関わった作物でもあるので，そんなにすぐれた生産性の潜在能力を持っているトウモロコシの歴史と，ハイブリッド化していった道筋に立ち入る．

1. トウモロコシはインディオの宝

トウモロコシは新大陸，つまり通説としてアメリカ大陸に起源する植物とされている．もうひとつ，植物としての起源つまり来歴については，あまりはっきりしていない．多くの作物でその来歴を辿ると，いくつかの野生種に由来することがわかる．たとえば日本人の主要穀物であるイネ *Oryza sativa* の起源種には野生種 *Oryza perennis* があり，フツウコムギ *Triticum aestivum* は，タルホコムギ *Aegilops squarossa*（染色体ゲノム：D），*A. speltoides*（染色体ゲノム：B），1粒系コムギ（染色体ゲノム：A）の3つの種に由来する複合ゲノムの種であって，木原均がAABBDDという染色体ゲノムの構成であることを突き止めている．もちろん新大陸起源のトマトもトウガラシも，起源する野生種が確かめられている．

ところがトウモロコシが何に由来するのかは，20世紀中に決着が付かなかった．思い切った言い方をすれば，トウモロコシを栽培し続けてきたインディオの先祖は，起源した野生種を追跡できないくらい作物化してしまった．それほどインディオにとっては，大切でしかも手塩に掛けた作物だった．

19世紀末から，トウモロコシの起源についての研究が，数多く出された．その中で今なお，主要な起源論とされているのは，2つである．ひとつはMangelsdorf（1974）の説で，原始のトウモロコシはすでに不明で，それと2つの現存する野生種，*Tripsacum* と野生型のポッド・コーンが関係する交雑で現在のトウモロコシの一部が成り立ち，同時に派生していった種もあって，そのひとつが *Teosinte* であるとして，三部説といわれる．しかしその後，多年生の *Teosinte* が発見されたことから，1986年にMangelsdorfは三部説を大幅に

変更した（マンゲルスドルフ 1986）.

　いまひとつは，ビードル（1980）や Iltis（1983）が提出している *Teosinte* 説である．三部説では，起源地が中米・南米にまたがっていると論じられているのに，*Teosinte* 説の方は起源地をメキシコ中部と特定している．またトウモロコシと *Teosinte* の染色体数が $n=10$ 本とまったく同じで，しかも10本中9本の染色体が相互に交換されていることを，標識とした遺伝子で確かめた．

　このほか，メキシコ南部テワカンで発見されたトウモロコシの穂軸が，C^{14} による年代測定で約7,000年前のものであり，最古のものはテオシントにきわめて近く，一部にはテオシントとトウモロコシの雑種の後代も見出されている．メキシコ市のベルアルテス遺跡の80,000年前に相当する地層から出土した花粉が *Teosinte* の4倍体のものであって，*Teosinte* 説を強化している．また Iltis（1983）は，雌穂の形態に発生した劇的なカタストロフが *Teosinte* で起こって，今のトウモロコシの原型ができ始めたとして，*Teosinte* 由来説を大いに支持している．

　1940年代にアメリカ合衆国科学アカデミーは，中南米全域に研究員を派遣し，現地の研究者と協力して，当時のトウモロコシの現存する在来種と関連する周辺の情報を集めた．それが，各国ごとの「Races of Maize in ＜この後はそれぞれの国・地域名＞」として刊行されている．その中から，いくつかの

図1-2-1　古代メキシコの Tlaloc-Aztec 神の絵（Wellhausen *et al.* 1952）片手にトウモロコシの株を持つ．右手に持つものは？

例をあげてみる.

メキシコについては、もちろんコロンブスの発見以前のアステカ文明のひとつで、図1-2-1にあるような見事な図柄によって、古くからトウモロコシが中心の文化を形づくっていたと理解される. またアステカ帝国の繁栄が何によるかを歴史的に調べたスミス（1997）によると、今のメキシコ市の南に広がる集落、カピルコとクエシェコマテを発掘したところ、これらの集落では人口爆発がアステカ後期A（1440～1519年）に起こり、周辺の丘陵や丘に段々畑でトウモロコシ・マメ類（ダイズではなく *Phaseolus*, 菜豆の仲間）それにワタを栽培していた. 主要な食料としてトウモロコシを粉砕して石灰乳でこね、平たくして焼いたトルティーヤも、ピラミッド神殿の広場で売られていた. トルティーヤは、粒質がフラワー（粉質）であって胚乳色は白が好まれるが、現在都会で黄色も普通になり出した. なお原住民たちは、黄色や青色のトルティーヤをお祝いや儀式のときに使っている（メキシコにある国際トウモロコシ・コムギ改良センターの田場佑俊の私信による）.

図1-2-2はペルーで発見されたインカ帝国時代の農業暦の一部で、Guman・Pumaが1936年に整理して8枚のトウモロコシの栽培暦として画いた（Grobman *et al.* 1961）. 播種から収穫貯蔵までを順番に図にしたもののひとつである. つまりインカの文明は、まさにトウモロコシによって育まれた文明である.

このような探索・収集されたトウモロコシを見ると、その遺伝的

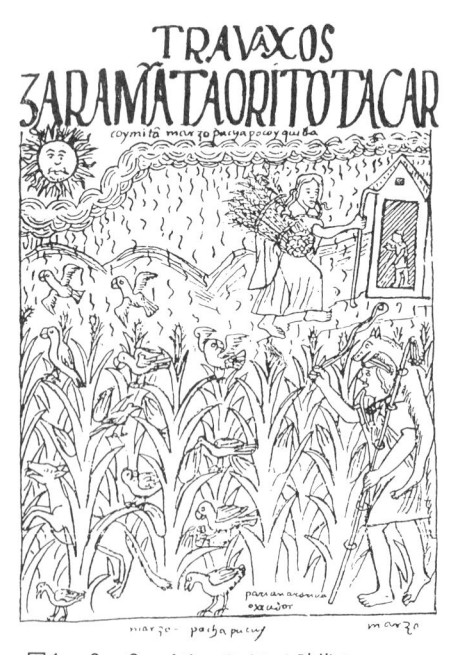

図1-2-2 ペルーのインカ時代のトウモロコシの栽培暦（Grobman *et al.* 1961）8枚のうちの1枚. 収穫前の様子.

な多様性に圧倒される．トウモロコシには，分類学上ポッド・デント・フリント・フラワー・ポップ・ワキシー・シュガリーの7つの亜種がある．ポッドは種子が頴で包まれ，ポッド以外は裸である．デントとはヒトの臼歯のように頭が凹んでその中心の部分が粉質であり，フリントは頭が丸く透明で全体に硬く，フラワーはデントの中心部分の粉質状態が全体に行きわっていて不透明で形はフリントのように頭が丸く，ポップはフリントのように外側は硬いが中央部が粉質で水分が多いために，加熱すると周りのデンプン層が瞬時にしてはじけてポッピングする．またワキシーとシュガリーは，ひとつの遺伝子の違いによる．

輸入されたミックス・ナッツの缶に入っている碁石のように大きい粒のものは，ペルーの3,400mの高地の都市クスコに産するクスコ・ヒハンティ（KUZCO GIGANTI）で粒質はフラワーであり，中南米のトウモロコシ研究者が注目しているメキシコの在来種であるチャパローテ（CHAPALOTE），さらにノル・テル（NOL TEL）は，もっとも古い栽培種でデント種の基といわれているし，手投げ弾のような型をした雌穂でペルーのファイレニョ（HUAY-LENO）などなど，トウモロコシの来歴を洗い出すときりがない．

2．移住民とトウモロコシ

メイ・フラワー号で新大陸に到達した人々とその家族は，旧大陸から持ち込んだ穀物に加えて，原住民のインディオが栽培しているトウモロコシ，オーチョ・トウモロコシ（粒が硬いフリント・コーン）によって命を長らえた（猿谷要：アメリカ歴史の旅，塚田松雄：花粉は語る，による）．移住民たちが手にしたトウモロコシは，穀物生産の主流となっていた．

ダーウィンがその著書「植物界における他家受精と自家受精の効果」で，トウモロコシを使って雑種強勢の現象を報告しているのが1876年で，相前後してアメリカでもすでに雑種についての試験がBeal（1878）によって行われ，151％の収量を報告している．その後，Hayes（1963）によると，ニューヨーク農業試験場のスタートヴァントが1882年にいくつもの一代雑種の研究を始めた．1892年にはマックレアは，自殖をすると衰え，交雑すると強勢になり，

雑種の2年目は前年より小さくなるなど，雑種が強勢であるという報告がいくつか見当たる．しかしやはり，積極的に一代雑種による生産に着目したのは，20世紀初頭メンデルの遺伝の法則について，多くの研究者が実験を始めてからであった．

　トウモロコシは，自分の株の花粉を受粉・受精して子実となるのは，平均して5％といわれる（松尾 1974）．後の95％は，自株の花粉以外の花粉が受粉・受精して子実を稔らせる他殖性である．作物を改良するためには，遺伝的に厳密で正確に定義付けられた材料を前提としなければ，育種の目標に基づいた設計が成り立たない．トウモロコシのように95％が他殖種子であると，雑多な遺伝的組成を持ったものを使うことになってしまう．それではインディオたちはどうしていたのか？

　幸いにも，トウモロコシが開花して受粉・受精できる期間は，1週間から10日間くらいある．花粉の寿命は24時間もない．しかし1本の雄穂全体で見ると，最初に咲く穎花から最後に咲く穎花までの期間はおよそ1週間である．それに対する雌穂は，やや遅れて雌穂の上部から雌しべ（絹糸という．絹の糸のように鮮やかな糸状．英語でも silk）が外側に現われ，その受精能力は結構長く10日間くらいである．したがって，ある開花期間の範囲に入る植物体同士

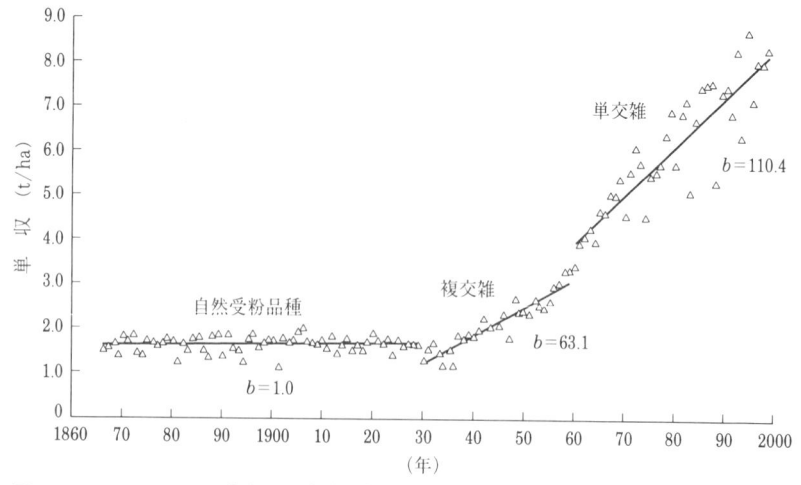

図1−2−3　アメリカ合衆国の南北戦争以降のトウモロコシ単収の推移（Troyer 1999）

が，お互いに遺伝因子を共有することになる．

そのうえアステカ文明のころは，先にあげたスミス（1997）が言うように小さく仕切った畑や棚田，それも人力中心に耕作していたことから，一定の個体数の集団で成り立っていた．現在はこういった集団を自然受粉品種と名付け，あるいは単に品種ということもある．

トウモロコシの一代雑種については，品種（自然受粉品種）の間の雑種にまず目が向けられた．従来から栽培されていた品種の間のハイブリッド品種を使っていたが単収は上がらなかった．同時に自然受粉品種などから自殖と選抜を何回か繰り返して遺伝的にそろった系統（ホモ接合に近い系統）を育種した．その結果は，草丈は短くなり雌穂の大きさも小さくなって自殖弱勢という現象を引き起こしてしまうので，これを用いて得られるハイブリッド種子の量は少なかった．したがって20世紀の初めの4半世紀は，トウモロコシでも一代雑種を直接使うことには，暗中模索であった．結果として1940年代までのアメリカ合衆国のトウモロコシの単収は，19世紀末と同じ水準であった（Troyer 1999，図1-2-3）．

3．極東の日本では

トウモロコシが日本に到達したのは，天正年間（1573～1591年）といわれている．研究者によっては，明瞭に年と場所を記載しているが，著者はそこまで到達できない．1733年の「本朝世事談綺」に「天正のはじめ蛮舶持来る」とあり，また軍記物「清良記」の第7巻親民鑑月集（著者は1654年に死去）にトウモロコシを唐黍として「8月に種子をとる作物」と書かれている（山田1996b）．清良記以前には，記載されているものがない．また博物学の年表（白井 1934）によると，天正7年（1579年）にスイカとカボチャの種子が到来し，さらに「頃年（近年の意味で，その頃ということ），玉蜀黍（トウモロコシのこと）も亦来る」とあるのみなので，天正年間とする方がよい．

そのトウモロコシは順次日本各地に広まって，400年の間にそれぞれの土地に良く適応し，それなりの在来種に分化していった．一番よく広がった粒質はフリントと思われる．第二次世界大戦の後の1950年代には，著者が所属し

ていた農業技術研究所（当時）の遺伝第2研究室が，2回にわたって在来種の収集事業を行った（2回目の収集には著者も参加，農業技術研究所生理遺伝部 1979）．その数およそ700点で，多くはカリビアフリント型であった．付随して目に付いたのに，スイートやワキシーもあった．なお明治政府は，1870年代に北海道に北方フリント型とデント型を導入した．その後新たな導入種も順次南下して，在来化もした．

著者はこれらの知見と収集したその地域での聴きとりの経験から，図1−2−4のようにトウモロコシは広がったと考えている．日本の農書のひとつ「亀尾疇圃榮」（安政2年（1855年））によると，この農書を著した庵原函斎は北海道の函館近郊で甲州種を栽培して収穫したと記している．甲州種というのはカリビアフリント型の1品種（群）である．つまり，明治政府が持ち込む前に，すでに北海道でも栽培されていた（山田 1996b）．

日本では1960年頃までは，フリントは言うに及ばず，スイートもワキシー

図1−2−4 トウモロコシの日本渡来後の分布 （Yamada 1989）
1950年代と1960年代後半に収集された在来種からの推論．

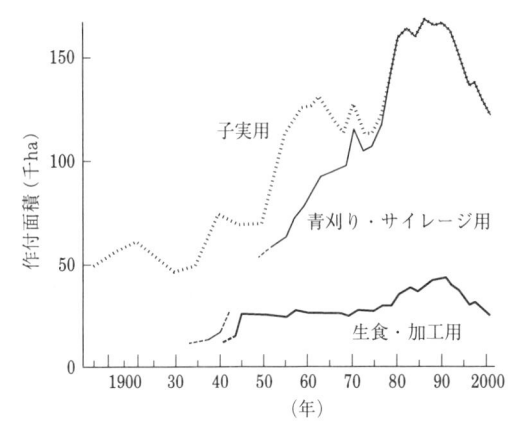

第2節　一代雑種のモデルとしてのトウモロコシ（その1：背景にあるもの）　(37)

図1-2-5　日本のトウモロコシ作付面積の変遷
農林水産省作物統計より作図．ただし用語は著者による．

も食料のひとつであった．後者の2つは，いずれも茹でるか焼くかして食用になっている．今でも四国の愛媛県久万町では，カリビアフリント型のみを使ったはったい粉（こがしあるいは香煎（こうせん）ともいう）が最近の自然食志向で販売されている（神尾正義の私信による）．

しかし，第二次世界大戦後の50年間のトウモロコシの使われ方は，図1-2-5にあるようにかなり劇的に変化している．1950年頃はほとんどが子実生産で，一部が生食用つまり茹でたり焼いたり，それに食材のホールカーネル利用であった．それが1980年代ともなると子実生産はなく，その分はサイレージ用で畜産利用となり，その他は生食・加工用のスイートである．栽培面積からいえば，80％が畜産分野の利用である．

参考文献

ビードル, G.W. 1980.（トウモロコシの起原．田中正武訳，日経サイエンス10 (3)：106 - 115.)

Beal, W.J. 1878. The improvement of grains, fruits, and vegetables. Annu. Rep. Michigan State Board Agric. 17：445 - 447.

Grobman, A. *et al.* 1961. Races of Maize in Peru. NAS/ NRC, Washington. 374pp.

Hayes, H.K. 1963. A Professor's story of hybrid corn. Burgess Publ. Com. 273pp.

Iltis, H.H. 1983. From teosinte to maize : The catastrophic sexual trans-mutation. Science 222：886 - 894.

Mangelsdorf, P.C. 1974. Corn, its Origin, Evolution and Improvement. Harvard Univ. Press, Massachusetts. 262pp.

マンゲルスドルフ, P.C. 1986.（栽培トウモロコシの起源. 阪本寧男訳, 日経サイエンス 16（10）: 122 – 130.）

松尾孝嶺監修 1974. 育種ハンドブック. 養賢堂, 東京. 1110pp.

農林水産省統計情報部 2000. 国際農林水産統計 2000.（財）農林統計協会, 東京. 247pp.

猿谷要 1987. アメリカ歴史の旅 イエスタデイ＆トゥデイ. 朝日新聞社, 東京. 322pp.

農業技術研究所生理遺伝部 1979. 日本産在来トウモロコシの特性. – 遺伝科遺伝第2研究室の収集による – 農技研資 D3, 210pp.

白井光太郎 1934. 改訂増補 日本博物学年表. 大岡山書店, 東京. 437pp.

Smith, G.M. 1933. Golden Cross Bantam Sweet Corn. USDA Circ. 268 : 1 – 12.

スミス, M.E. 1997. アステカ帝国繁栄の秘密.（伏見岳志訳, 日経サイエンス 1997（12）: 114 – 121.）

須藤千春 1955. ネパール産トウモロコシの起源. 遺伝学雑誌 30 : 187.

Troyer, A.F. 1999. Background of U.S. hybrid corn. Crop Sci. 39 : 601 – 626.

塚田松雄 1974. 花粉は語る. 岩波書店, 東京. 231pp.

Wellhausen, E.J. *et al.* 1952. Races of Maize in Mexico. Bussey Inst. Harvard Univ., Cambridge. 223pp.

山田実 1986a. 栽培の起原と分布. 農業技術体系作物編 7, トウモロコシ基礎編. 農文協, 東京. 12 – 17.

山田実 1996b. 露店の風物詩 焼きトウモロコシの背景 – トウモロコシ作 –. 昭和農業技術発達史第2巻 畑作/工芸作編. 農文協, 東京. 283 – 303.

Yamada, M. 1989. Collection and evaluation of land-races of maize germplasm in Japan. Explor. Coll. Pl. Genet. Resour. Part I. Seed-propagated Crops. Genet. Resour. Proc. JICA, Ref. No. 2 : 103 – 118.

第3節　一代雑種のモデルとしてのトウモロコシ（その2：50年間で単収倍増）

　一代雑種が品種の形として広く食料生産に使われるようになったのは，トウモロコシがそのはしりである．そして1940年代から，合衆国農務省（USDAと略称）は積極的に一代雑種の栽培を奨励し，多くのトウモロコシ生産農家がハイブリッドの種子を使うようになった．その結果50年代以降の単収は，10年ごとに10ブッシェル/エーカー（0.63t/ha，あるいは0.67t/ha）の割合で増えつづけ，1950年代には70ブッシェル/エーカー（4.69t/ha）であったものが，1990年代にはとうとう110ブッシェル/エーカー（7.37t/ha）という驚異的な単収となった．つまり50年で倍増した（Sprague 1983）．

　その要因のひとつである栽植密度が，50年代の40,000株/haから，80年代には60,000株/haと1.5倍である．栽植密度が高くなった場合，葉身が横に広がるトウモロコシであると，下の方にある葉身に太陽光が届きにくく，葉身同士の遮光効果が大きくなって低下し，植物体として全体が行う光合成が低下する．

　しかし葉身が直立しているならば，下の方の葉身にまで太陽光が届いて，光合成をする葉身の数が増えて葉面積指数（光合成をする葉身の率）が高まり，群落の光合成能が全体として向上し，十分な光合成産物が雌穂の子実粒に転流・蓄積される．図1-3-1で左のようなトウモロコシは受光体勢がよいといい，アップライト型としている．こうした草型の遺伝的な改良によって，この50年間の栽培技術の変化にトウモロコシは応じてきた．

　このような栽培条件を考えに入れて行われた実験が，30数年前の日本にある（岩田 1973）．ハイブリッド・コーン交7号を使って，11.2t/haをあげた．栽植密度は75,000株/ha，収穫指数（光合成などをする植物体部分に対する子実の重量比）は0.97，百粒重は278g，葉面積指数は6.0と高く，こうした条件が11.2t/haという高い単収をもたらした．もちろん効果的な施肥と土壌の管

理技術, 適期の害虫防除, それに効果的な水管理が求められる.

1. はじめは疑心暗鬼

先にあげた Shull(1908)の論文は, トウモロコシの一代雑種を導入するきっかけであった. そして相次いでトウモロコシの一代雑種に関する実験がいくつも報告された. そのひとつが Hayes and Olson(1919)である. Minnesota 13 というデント型の品種に対して, フラワー型の1品種, デント型の6品種, フリント型の5品種の計12品種を交雑した F_1 の子実収量を調べた. Minnesota 13 はフリント型5品種のうち4品種との交雑 F_1 で収量性が高く27％増, 低くても14％増であった. ところがデント型6品種との間の F_1 では, せいぜい16％増が最高で, 2％しか増えない組合わせもあった. つまりデント型同士ではあまり雑種強勢を期待できなかった.

一方, Richey(1922)は, それまでに入手できた品種を交雑した244組合わせについて調べた結果, 両親の平均値よりも高いものは全組合わせの83％, つまり204組合わせで, 残りの40組合わせでは平均値よりも低く, ハイブリッドのすることの有利性に疑問が投げかけた.

その後これら2つの実験では, 必ずしもホモ接合の程度が高くない自然受粉品種同士の交雑であることが指摘された. これに反して, 自殖をくり返して選抜し育種した自殖系統は, ホモ接合の程度が相当高いので, 1940年以降に自殖系統を用いた交雑実験が行われるようになると,

図1-3-1　トウモロコシの草姿
左：アップライト型, 右：ホリゾンタル型. アップライト型であれば, 下部の葉身も光合成が可能.

第3節　一代雑種のモデルとしてのトウモロコシ（その2：50年間で単収倍増）　（ 41 ）

F_1 の生産力の強勢つまり収量の高さがはっきりした．そのことを最初に理論的に示したが，Cockerham (1961) である．彼が提唱した統計遺伝学の結果によって，自殖系統同士の単交雑が育種計画の主流となっていった．

2. F_1 の優秀性を支えているもの

これまでに述べてきたハイブリッドの優秀性，トウモロコシでいえば子実の多収を支えているのはどの部分によるかを，それぞれの要因に分解して調べたものに，Leng (1954) の報告がある（表1-3-1）．たいがいのトウモロコシの雌穂は粒が縦方向にきれいに並び，その列数は横断面でみると偶数が基本である．トウモロコシの単収は，雌穂の重さと単位面積当たりの個体数で決まる．しかし雌穂ごとに見ると，子実の収量は一穂の粒列数とその列ごとの粒の数つまり一列粒数，それに1粒の重さで決まる．こうした収量構成要素を F_1 と両親系統とで比較した．

単収（ブッシェル/エーカー）は，調べられたどの組合わせでも両親系統よりも F_1 の方が高い．要因を分解すると，雌穂の重さ，一穂の粒数，そして一列粒数の3形質で，用いられた92組合わせの F_1 のすべてが，優勢親（両親系統のうちで値の大きい親をいう）の値よりも高かった．表の百粒重は粒の重さ

表1-3-1　トウモロコシの収量構成要素に現われたヘテロシス効果．
イリノイ大学で 1947〜1950 年に得られたデータの要約（Leng 1954）

	子実収量（ブッシェル/エーカー）	収量構成要素					
		100個体当たり雌穂数	雌穂重(g)	100粒重(g)	一穂粒数	粒列数	一列粒数
F_1 組合わせ数	48*	82	72	72	76	76	76
比較総数	48*	109	92	92	102	102	102
優勢親より大きい F_1 組合わせ数	48	20	92	69	102	56	102
同上%	100	18	100	75	100	55	100
F_1 平均	96.0	106.2	249.3	31.6	796	17.41	45.8
優勢親平均	45.5	116.5	135.7	29.3	517	17.43	32.2
同上差異	50.5	-10.3	113.6	2.3	279	-0.02	13.6
t-値	32.02**	-5.07**	51.80**	5.11	40.92**	-0.14ns	44.16**
F_1/優勢親 (%)	211	91	184	108	154	99.9	142

＊：1950年のみのデータ．＊＊：1％水準で有意．

を示す.この百粒重も,92組合わせのうち69組合わせ,75％の組合わせ数で,両親に比べて高かった.さて雌穂の重さは,一穂の粒数それも一列粒数,それに百粒重が大きくなった結果なので,子実の重さに比べると穂の軸の部分の重さは相対的に小さいから,雌軸重は要因から除いてよい.

一穂の粒数は,粒列数と一列の粒数の積で示すことができる.ところが一穂の列数について,優勢親でよりも大きい F_1 組合わせ数は55％にすぎない.つまり粒列数に雑種強勢は期待できない.結局表1－3－1の最下段の F_1 と優勢親との比較で,子実収量が211％つまり2倍強としている要因は,一列粒数の142％,その結果としての一穂粒数の154％,そして少しばかり寄与している百粒重の108％,以上3つの形質の増加が雌穂重を184％にし,ひいては子実の単収について211％という倍増効果をもたらしている.

実はこのことは,たいそう重要なことを意味している.トウモロコシの雌穂で,粒列数は遺伝的に安定している形態組織の分化能力に支配されるが,一列粒数は分化後の粒の充実度や細胞の生理的活性に支配されている.これらは遺伝的に変動しにくい形質としやすい形質であり, F_1 となったことによって,後者の一列粒数のような変動しやすい形質に,一代雑種となった効果が現われたことになる.このような収量構成要素に分解してのヘテロシスの現われ方は,イネ・コムギ・オオムギについても同じである.

3. 10年で10ブッシェル／エーカーずつ増収

20世紀後半の50年は,合衆国は言うに及ばず世界中でトウモロコシ生産にとって大飛躍の50年であった.合衆国の場合は,1940年代以前とそれからとでは単収が格段と違っている.アメリカのトウモロコシ学者Sprague(1983)によると,このような単収の増加は,常に新しいハイブリッド品種が育種されて普及した結果である.そのことをRussellが2回にわたって実証試験をしている.ここでは1984年のものを紹介する.

Russell(1984)は,両親とする自殖系統を改良し続けることによって,いっそうすぐれたハイブリッドを育種することができたことを示している.使った自殖系統は,1933～34年にSprague(1946)が自殖系統16系統を使って合

成した基本集団 BSSS から，循環選抜という手法により集団内で交雑・選抜をくり返し育種した自殖系統である．これらの自殖系統は，当初の集団から1953年に B14A と1958年に B37 の2つ，1972年には循環選抜の第5サイクルからの B73，1977年には循環選抜第7サイクルからの B84 である．

これらの育種年代・循環サイクルの違う4つの自殖系統と，ミズーリ大学の自殖系統 Mo17 とを組合わせた F_1 の4組合わせを調べた．結果は，雌穂長・雌穂径・子実収量さらに環境ストレスに対する改良の指標である実効指数が，サイクルを重ねた後の自殖系統による F_1 ほど大きくなって，収量を支配する特性が改良されていることを示した．この実効指数だけを取り出して，10年ごとのグループとして調べたところ，その値の上昇はまさに驚異的である（図1－3－2）．さらに1960年代以降になると，先に Leng (1954) で述べた一穂粒数と百粒重に対応する雌穂長と雌穂径，さらに収穫指数の向上を図った光合成能の向上，つまりアップライト型（図1－3－1）にしたことが，多収に大いに貢献した．

ここで収穫指数について触れる．この指数は収穫部分とその他の部分との比率である．日本のイネでは，早くから収穫指数の概念を取り入れている．イネでは草型の改良によって収穫指数（籾わら比率という）を飛躍的にあげてきた．その結果，1960年代にはイネの収穫指数（籾わら比率）はすでに1.0であった．一方，北海道大学の田中明（1975）によると，1960年代のトウモロコシの収穫指数は0.7に過ぎなかった．しかしそのころからアメリカのトウモロコシ育種では，積極的に収穫指数について改良した自殖系統が育種され，やがて1.0になって，100ブッシェル/エーカーへの展望が開けたようである．

アメリカの種子会社カーギルの研究員 Troyer (1999) は，トウモロコシの単収と作付けられた品種の形式との関係を，南北戦争から1999年までの125年間について一定の傾向があること，そしてハイブリッド品種の展開によってさらに明確な単収の向上があったことを示した（図1－2－3）．

この図からはっきりしていることは，自然受粉品種の60年間は 1.7t/ha で単収が増えることなく過ぎ，ハイブリッドを栽培するようになった1940年頃から60年頃の20年間で，1.0t/ha 分上昇した．この20年間の10年ごとの上

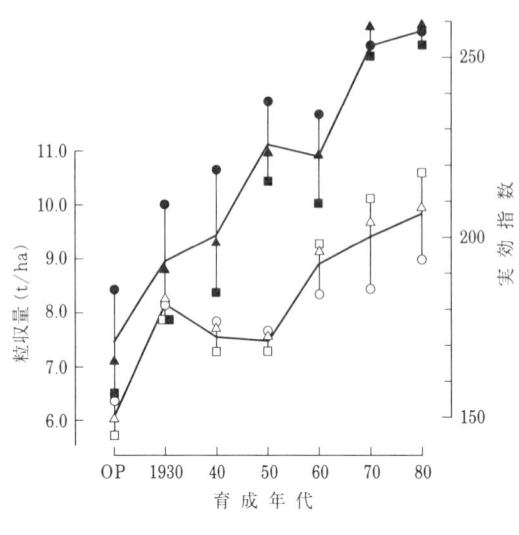

図1-3-2 アメリカ合衆国で育成されたトウモロコシ自殖系統(複数)を10年おきに選び,そのF₁の各組合わせを,2年・3カ所・3栽培密度で実施した試験の要約(Russell 1984のデータから作図)
栽植密度は丸印:31.1千本/ha,三角印:47.8千本/ha,四角印:64.5千本/haで,印の中抜きが粒収量,黒つぶしが実効指数.環境ストレスに対する反応を実効指数として,粒収量-含水率+(100-転び倒伏株率)+(100-挫折倒伏株率)で評価した.折線はいずれも2年・4カ所・3栽植密度の平均値で,育成年代のOPは自然受粉品種.

昇率は5ブッシェル/エーカー程度で,用いられたハイブリッドの形式は(A×B)×(C×D)という複交雑であった.1960年代のその後となると,アメリカのトウモロコシの先進地域アイオワ州に端を発した単交雑の(A×B)が急速に複交雑と置き換わり,10年で10ブッシェル/エーカーという驚異的な単収の増加率をもたらしたことが読みとれる.なお,1970年代からは年による豊作・凶作の変動が大きくて,先行きは必ずしも楽観を許さない.

4. アメリカに追いつき追い越せ

それではこの20世紀,日本のハイブリッド・コーンはどうであったか?

日本のトウモロコシ育種は,1937年に初めて国が開始した.長野県の桔梗ヶ原(長野県農業試験場・桔梗ヶ原分場(当時))でトウモロコシの育種を始めるときに,私たちの先達山崎義人はすでにハイブリッドとすることを計画した.しかしまわりの育種経験者たちは,対象作物がイネ・コムギ・オオムギ・ダイズといった自殖性作物で,こうした作物の研究者たちからは援助はあり得なかった.もちろん野菜の分野では1924年にナスで試みられてはいたが・・・・.つまりアメリカのトウモロコシ育種の歴史に学ぶほかなかった.

山崎義人(1964)は,アメリカでのトウモロコシ育種の歴史と現状から,次

第3節　一代雑種のモデルとしてのトウモロコシ（その2：50年間で単収倍増）

のように組み立てた．
①先進的な農家が多く，アメリカからの輸入系統が適応しやすい北海道では，始めからハイブリッド，それも採種量を確保するための複交雑，
②本州の大部分では，高温多湿という気象条件によく適応した在来種の自然受粉品種同士の交雑F_1を用いて，適応性が高く種子量をある程度確保，
③九州・四国を中心とした西日本では，歴史的が長いのでよく適応した自然受粉品種，とした．

そして日本のハイブリッドは，400年も前から栽培されて日本の環境によく適応したフリント型の在来種と，アメリカで生産性について改良されたデント型を主体とした自殖系統との間で，組合わせるのがよいとした．この思想は，ずっと引き継がれている．

実際に日本のハイブリッド・コーンが組織的に普及に移されたのは，長野県農試・桔梗ヶ原分場で1951年に育種された長交161号と長交202号であった．いずれも日本の在来フリント型の自然受粉品種と，アメリカから導入したデント型の自然受粉品種との品種間一代雑種である．

一方，北海道では，1953年にアメリカから導入し北海道によく適応するハイブリッド，交501号，交502号，それに交503号で，いずれもデント型同士であった．1958年，北海道農業試験場（当時）が北海道で在来化していた北方フリント型とデント型との3つの自殖系統による三系交雑のハイブリッド，交4号を育種した．これに先立って，北海道では品種同士の真交13号が1942年の第二次世界大戦中に上井健治郎により，さらに1954年に札交130号が和田忠雄によって育種され，公表されている（舘 1964）．

日本のトウモロコシ栽培は，農業事情の劇的な変化によって，利用の仕方が変わっていく（図1-2-5）．1941年の79千haの栽培面積の内訳は，子実用：青刈り・サイレージ用：生食・加工用の比率が，6:2:2であったのに，1980年にはおよそ2倍の栽培面積155千haで，その利用は子実用：青刈り・サイレージ用：生食・加工用の比率が，0:8:2となっていて，子実用は皆無となった．輸入ではまかなえない青刈り・サイレージ用が主流となった．このような農業事情の変化に応じるかのように，特徴あるトウモロコシのハイ

ブリッドが育種された．以下に3つの例をあげる．

（1）典型的なハイブリッド・コーン

まず交7号．このハイブリッドは先に引用した岩田（1973）の論文で，11.2t/haをあげている．両親系統は九州の在来種の1つ，フリント型のオクヅル早生から自殖選抜した倒伏に強いオクヅル早生448・461を種子親，アメリカデント型の花粉の飛散量が多いウィスコンシン531・533を花粉親とした．

さらに後に述べる雄性不稔性について，種子親はT型（テキサス型）の細胞質雄性不稔遺伝子を持ち，花粉親はその細胞質雄性不稔遺伝子の作用を打ち消す稔性回復遺伝子を持つ．こうした2つの遺伝子についても後に説明する．とにかくこの雄性不稔性を使うことにより，人手によって種子親の雄穂を抜きとる手間が省け，100％ハイブリッドとなった種子を生産できるようになった．

交7号は1963年以降，本州・四国・九州で広く栽培され，子実用・サイレージ用として使われた．岩田（1973）の実例が示すように，生産性がきわめて高いハイブリッドであった．ところがT型細胞質を持っていたために，1970年ゴマハガレ病菌レース（菌系，病原菌の品種のようなもの）のひとつ，Tレースによって，開花期前後から壊滅的に発病した．交7号を栽培していた長野県の伊那谷の8月上旬のトウモロコシ畑は，緑どころか一面黄褐色の畑で眼を覆いたくなるような惨状だった．この事件は世界中で期を一にして起こり，アメリカ合衆国の1970年のトウモロコシ生産高は，平年値の15％減となる大凶作となった．この事件を境に，日本の交7号は姿を消した．

この交7号の種子親，オクヅル早生448・461は，当時としては倒伏の抵抗性が高く，低温下でも発芽性がよく初期生育期の低温生長性もすぐれていた．しかし低温発芽性と低温下の生長性にすぐれていることは，図1－3－3のように下の節の間が伸びやすく，結果として倒伏しやすいと，Salamini, F.はイタリアのフリント型自殖系統600系統を使った実験から結論付けていた（1982年に会った折りの発言．著者のメモによる）．しかし育種とは限界を突き破ることにある．そしてその回答が次の例である．

（2）栽培限界を超える

　北海道の道東地域で，それまでは考えられそうもなかったトウモロコシ栽培を可能にしたのが，ハイブリッド品種，ヘイゲンワセとワセホマレである．畜産振興の一助とするために，畑の単位面積当たりの草出来，つまりバイオマスの生産量が大きいトウモロコシの栽培を道東に拡げようと，育種された．

　幸いにも，道東特有の春の低温，初夏の低温に耐えるいくつかの北方フリント型の在来種はあった．しかし生産性が低かったので，このような抵抗性を持った在来種群から，順次自殖系統を選抜・育種していった．一方，デント型のうちで生産性が高い自殖系統を選び，これらから複交雑の一代雑種を育種した．こうして育種されたのが，ヘイゲンワセ（仲野ほか 1975）とワセホマレ（櫛引ほか 1979）であった．

　ヘイゲンワセの種子親は，十勝地方で収集された北方フリント型の在来種坂下から北海道農試が選抜・育種したN19と，カナダのマニトバ農試のデント型のCM7とのF_1で，低温下での発芽性と予想以上の倒伏抵抗性と種子生産性が高かった．花粉親は，ウィスコンシン大の2つのデント型自殖系統

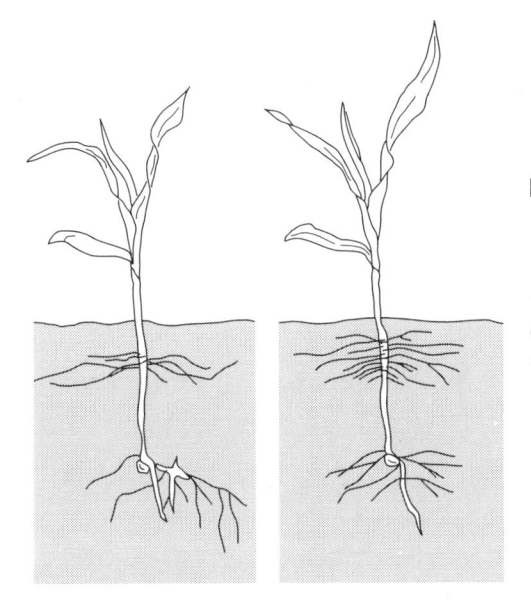

図1-3-3　トウモロコシのデント（左）とフリント（右）の幼植物期の様子
（Salaminiの好意による）
フリントは低温時でもいくつもの節から冠根を出し，節間長も長めとなる．その結果，倒伏が起こりやすい．

W42AとW79AとのF_1で,種子親F_1との交雑で多収性が期待できた.ヘイゲンワセがまず,当初の要望に応えた.

ヘイゲンワセの次に登場したのがワセホマレである.ワセホマレも複交雑で,種子親の片親はヘイゲンワセに用いたN19だが,もう一方の自殖系統は在来種の黄早生・山本種・坂下の3者に由来する自殖系統To15で,低温発芽性・幼植物生長性・倒伏抵抗性について出色のF_1であった.花粉親はカナダのモルデン試験場が育種した自殖系統で,倒伏抵抗性がきわめて大のCM37とCMV3によるF_1であった.これら4自殖系統の組合わせにより,ワセホマレは低温発芽性が高くて低温下での幼植物生長性もよく,倒伏抵抗性にもすぐれそのうえ生産性が大なので,北海道の東部でも品質の高いホール・クロップ・サイレージが生産されるようになった.

なお,著者がロシアのバビロフ植物生産研究所でトウモロコシの低温抵抗性について実験したところ,十勝農試が育種したTo15とそれに引き続くToシリーズ自殖系統の多くは,ロシア・カナダ・フランス・ドイツの自殖系統に比べて,低温発芽性について抜きん出て高いものが多かった(山田ほか2000).

(3) 外国ハイブリッドを標的にした品種

第3に,世界に誇るアメリカの種子会社,パイオニア社のハイブリッドをとうとう超えた単交雑ハイブリッド,ゆめちからがある(池谷ほか 1997a).それまで日本のトウモロコシ品種の弱点は,多肥料栽培でしかも栽植密度の高い70,000株/ha前後では,倒伏しやすかった.とくに九州は台風の常襲地帯である.

パイオニア社のハイブリッドは,倒伏に対する抵抗性はかなり高いものだが,西日本の夏の高温・多湿条件に対する適応性は,必ずしも十分ではない.九州農業試験場(当時)の池谷ほか(1997a)は,まず日本の条件によく適応した自殖系統と,デント型の外国ハイブリッドを超す倒伏抵抗性を集積した自殖系統を育種した.

前者の要求を満たした自殖系統がMi47であり,後者のそれがMi23であった.いずれも草型はアップライト型であった.Mi47は,自殖系統Mi9と日本

第3節 一代雑種のモデルとしてのトウモロコシ（その2：50年間で単収倍増）

の収集在来種から循環選抜という手法で育種した集団にアメリカのハイブリッドを交雑して選抜したNa15（望月ほか 1985）を用いて，倒伏抵抗性を蓄積した自殖系統であった．自殖系統Mi23は，パイオニア社のハイブリッドに別の自殖系統を交雑した集団から育種した．こうしてつくられたMi47とMi23の単交雑ハイブリッドがゆめちからである．

これまでの説明で，トウモロコシの育種では倒伏抵抗性がたいそう重要であることが理解できる．先にあげた1936年に作出した合成系統の集団BSSSは，収量性とともに倒伏抵抗性を向上させる目的で，合成された集団である（Sprague 1983）．

著者たちのグループの1人，石毛光雄は，トウモロコシの倒伏抵抗性に関して計量遺伝学の手法を使って遺伝分析をし，倒伏抵抗性についてF_1は優勢親を超えることができず，両親自殖系統には，抵抗性の高いものを選ばねばならないと（石毛ほか1983）．最近，濃沼圭一（2002）は，平均親に比べてより優勢親に近い結果をもたらす場合があることを突き止めている．こうしたヘテロシスの現われ方は，後の章で論じる．

ハイブリッドの王道を行くトウモロコシとして，トウモロコシの遺伝・育種学者であるGalinot（1998）が，情報伝達誌であるトウモロコシ遺伝学協会

図1-3-4　トウモロコシの歴史（想像図）（Galinot 1998）
1と2：アメリカ大陸原住民とテオシント，3と4：メイフラワー号で上陸した人々が手にしたフリント・コーン．最上部の雌穂の稔実がよく，粒列数が8列となる．5と6：近代農業下のトウモロコシ．7：未来のスーパートウモロコシ．

のニューズ・レターに，トウモロコシの来し方行く末をイラスト化したのが図1-3-4である．

参考文献

Cockerham, C. C. 1961. Implications of genetic variance in a hybrid breeding program. Crop Sci. 1 : 47 - 52.

Darrah, L. L. and M. S. Zuber 1986. 1985 United States farm maize germplasm base and commercial breeding strategy. Crop Sci. 26 : 1109 - 1113.

Freeding, M. and V. Walbot ed. 1993. The Maize Handbook. Springer-Verlag, Berlin. 759pp.

Galinot, W. C. 1998. Supermaize research. Maize Genet. Coop. Newsl. 72 : 82 - 83.

Grobman, A. *et al.* 1961. Races of Maize in Peru. NAS/NRC, Washington. 374pp.

Hayes, H. K. 1963. A Professor's Story of Hybrid Corn. Burgess Publ. Com. 273pp.

池谷文夫ほか 1997a. サイレージ用トウモロコシの新品種「ゆめちから」の育成とその特性. 九州農試報告 32 : 75 - 98.

池谷文夫ほか 1997b. サイレージ用トウモロコシのF_1親自殖系統「Mi23」の育成とその特性. 九州農試報告 32 : 99 - 112.

石毛光雄ほか1983. 判別関数を用いたトウモロコシの耐倒伏性の評価とその計量遺伝学的検討. 農技研報　D35 : 125 - 152.

岩田文男 1973. トウモロコシの栽培理論とその実証に関する作物学的研究. 東北農試研究報告 46 : 63 - 129.

Jones, D. F. and H. L. Everrett 1949. Hybrid field corn. Bull. Conn. Agric. Expt. Stn. 532 : 3 - 39.

櫛引英男ほか 1979. サイレージ用トウモロコシ新品種「ワセホマレ」の育成について. 北海道立農試集報 41 : 91 - 103.

濃沼圭二 2002. サイレージ用トウモロコシの高品質・耐倒伏性育種に関する研究. 九州沖縄農試研報39 : 79 - 125.

Leng, E. R. 1954. Effects of heterosis on the major components of grain yield in corn. Agron. J. 46 : 502 - 506.

望月昇ほか 1985. トウモロコシ優良F_1品種親系統の育種に関する研究6. 石垣島での冬期世代促進によるフリント育種集団の合成と循環選抜. 日草誌 31（別）: 118 -

119.

仲野博之ほか 1975. とうもろこし新品種「ヘイゲンワセ」の育成について. 北海道立農試集報 33 : 31 − 38.

Richey, F. D. 1922. The experimental basis for the present status of corn breeding. J. Amer. Soc. Agron. 14 : 1 − 17.

Richey, F. D. 1950. Corn breeding. Ad. Genet. 8 : 159 − 192.

Russell, E. W. 1984. Agronomic performance of maize cultivars representing different eras of breeding. Maydica 29 : 375 − 390.

Russell, E. W. 1985. Evaluations for plant, ear and grain traits of maize cultivars representing seven eras of breeding. *Ibid* 30 : 85 − 96.

Russell, E. W. 1991. Genetic improvement of maize yields. Ad. Agron. 46 : 245 − 298.

Shull, G. H. 1908. Some new cases of Mendelian inheritance. Bot. Gaz. 45 : 103 − 116.

Sprague, G. F. 1936. Hybrid vigor and growth rates in maize cross and its reciprocal. J. Agric. Res. 53 : 819 − 830.

Sprague, G. F. 1946. Early testing of inbred lines of corn. J. Amer. Soc. Agron. 38 : 108 − 117.

Sprague, G. F. 1983. Heterosis in maize : Theory and practice. Frankel, R. ed. "Heterosis, Reappraisal of Theory and Practice". Springer-Verlag, Berlin. 47 − 70.

田中明 1975. Source−Sink関係よりみた多収性の解析－水稲およびトウモロコシについて−. 育種学最近の進歩 13 : 29 − 39.

舘渉 1964. 北海道におけるトウモロコシの一代雑種育種の経過. 玉蜀黍交雑種普及事業十周年記念誌. 全国玉蜀黍普及協会, 東京. 35 − 40.

Troyer, A. F. 1999. Background of U. S. hybrid corn. Crop Sci. 39 : 601 − 626.

Troyer, A. F. and P. N. Marscia 1999. Key technology impacting corn genetic improvement-past, present and future. Maydica 44 : 55 − 68.

Wellhausen, E. J. *et al.* 1952. Races of Maize in Mexico. Bussey Inst. Harverd Univ., Washington. 223pp.

山田実ほか 2000. トウモロコシの胚と花粉に低温抵抗性の見られたヘテローシス. 育種学研究 2（別1）: 607.

山崎義人 1964. 育種試験開始の頃の思い出. 玉蜀黍交雑種普及事業十周年記念誌, 全国玉蜀黍普及協会, 東京. 24 − 28.

第4節　予想外の一代雑種利用
ーヒマワリからイネまでー

　「はじめに」で述べたように、ハイブリッド・イネが劇的に登場した．イネという植物は、自然のままでは穎（双子葉植物の花弁）が開くと同時に、開葯して花粉が飛散し受粉してしまい、ほぼ100％自殖するので交雑種子は得にくい．近藤頼巳(1942)によって案出された温湯除雄法では、43℃の湯に7分間穂を浸すと花粉は死滅しそのあともしばらくは開穎して雌ずいは受精能力があるので、人為的に交雑できる．また真空ポンプで葯を吸い取る方法も使われている(Coffman and Herrera 1980)．こうした方法を取らない限り、普通には自殖である．

　100％自殖する植物は雑種をつくるのには面倒な作物なのに、何でイネのハイブリッドが取り上げられ、そしているのか？それには、トウモロコシ・コムギとともに3大作物のひとつのイネが、人口13億とも14億ともいわれる中国はもとより、現在でも63億、21世紀半ばには100億になるといわれるこの地球上の人類を食べさせるのに、一層の単収の向上が求められているためである．そして単収の向上には、一代雑種を利用するのが手っとり早くしかも効果的である．その事実はすでに「はじめに」の表0-1で示した．

　ここでは、ハイブリッドが野菜とトウモロコシ以外の作物でも使われていることを示す．

1. ヒマワリ

　油料作物であるヒマワリ(*Helianthus annuus*)は、黄色の舌状花弁が周辺に中心部は筒状花のこげ茶色、しかも花（果）房を支える植物体の茎と葉は緑なので、畑を際だったモザイク模様にしている．

　ヒマワリの原産地はトウモロコシと同じように、新大陸それも合衆国のアリゾナ・ニューメキシコ辺りで、西暦前3,000年には、トウモロコシより早く

北米インディアンが栽培化した．^{14}Cを指標にした調査で，西暦前2,800年頃のミシシッピ・ミズーリ盆地にあった（Putt 1964）．新大陸起源だから比較的新しい作物だが，旧大陸にもたらされたのち大いに改良されて，1893年にアメリカの総領事がロシアで改良された品種を手に入れてお里帰りした（Putt 1997）．

ヒマワリは亜熱帯から亜寒帯で栽培され，ベニバナ・ナタネ・ダイズ・ラッカセイと同じようにすぐれた植物油を提供する．ヒマワリの生産は，FAOの1998年の統計によると，ロシア：417万ha，アメリカ：141万ha，アルゼンチン：318万haとなっている．単収は世界平均が1.2t/haで，もっとも高い国はアメリカで1.7t/haである．ヒマワリはもちろん，食用油として消費者の手に渡る．スーパーマーケットの棚に並んでいるペットボトルには『ヒマワリのリノール油』となっていて，リノール酸がグリセリンと結合してエステル化した油脂であって，ヒトの健康にとってリノール酸が好ましいとされているためである．リノール酸含有率が高いヒマワリ油は，健康志向の現代では格好のセールス・ポイントである．

ヒマワリのハイブリッドの油収量は，かなり高い．たとえばしっかりとした統計のあるカナダの場合，1978年にはハイブリッド品種が半分以上を占め，自然受粉品種に比べて子実収量で30〜40％増，含油率で30％も超えていた．しかもハイブリッドは，3つの病害に対する抵抗性遺伝子を併せ持つとの特徴もあった．ルーマニアのMuresan et Vranceau（Carter 1964）によると，ルーマニアのヒマワリ畑でもハイブリッドが全体の50％以上である．

ヒマワリには，頂部にひとつの花房を付ける型と，茎の途中からいくつも比較的小さな花房を付ける型の2つがある（Putt 1964）．またヒマワリは部分他殖性で他殖率は5〜95％なので，個体ごとに花房全体を袋かけして自花の花粉のみによる自殖をくり返すと，遺伝的にホモ接合の状態になった自殖系統をつくることができる．さらにヒマワリで一代雑種の種子を採種するためには，葯ができないかあるいは葯はできても花粉の受精能力が欠けている雄性不稔系統を，種子親としなければならない．そして好都合なことには，花房をひとつしか付けない型の中に，雄性不稔が存在した．雄性不稔であると

自株の花粉は存在しないため,ほかの株の花粉が受粉するので,結局ハイブリッドの種子が得られる.しかも F_1 となったときには,種子親の雄性不稔遺伝子に支配されることなく,成熟した花粉ができて受精能力を持たないと,子実生産が成り立たない.つまり,F_1 では雄性可稔でないといけない.

ヒマワリのハイブリッドの花粉親には,茎の途中からいくつも比較的小さな花房を付ける型が多い.いくつも小さな花房を着け,その花房が順番に花粉を飛散させる期間が長く,ひとつしか花房を着けない型(雄性不稔の型)に花粉を提供して,F_1 種子の取りはぐれがないようにする.さらに好都合なことには,いくつもの花房を着ける特性の遺伝子は,ひとつの花房を着ける遺伝子に対して劣性である(Putt 1964)から,ハイブリッドとなった場合にも種子親の特徴である大きなひとつの花房を着け,熟期の幅も小さく,収穫に適している.

雄性不稔性の発見は案外早く,Kuptsov(1935)が1929年に核内遺伝子による異常花,花糸が伸びていない花を持つものを発見した(Kaul 1988).1958年には当時の東ドイツでシュトゥベによって細胞質が持つ遺伝子による雄性不稔を発見(Durand 1962),その後相次いで東ヨーロッパ・ソビエト(当時)で報告され,60年代の後半には細胞質雄性不稔遺伝子による F_1 種子の採種体系も確立された(Gundaev 1971).

2. テンサイ

ヒマワリは食用油をとる油料作物だが,砂糖の原料となる糖料作物としてはサトウキビとテンサイ(別名砂糖ダイコン)がある.サトウキビは熱帯から亜熱帯で栽培され,テンサイは温帯から亜寒帯で栽培される.

テンサイ(*Beta vulgaris*)は,日本では北海道でのみ栽培(1960年代四国・九州,それに東北地方での栽培が試みられた)され,苗床で苗を育てて機械で移植するのが普通である.

ところでテンサイは,コムギ・オオムギ・ライムギそれに多くの野菜などと比べると,歴史的には新しい作物である.1790年に根部から砂糖の精製に成功して栽培植物となった.

第4節 予想外の一代雑種利用－ヒマワリからイネまで－

　テンサイがフダンソウやそのほかのものとの大きな違いは，根が極端に肥大して糖分をかなりな含有率で蓄積することである．もっとも根やその上の根に似た部分（組織学的には胚軸）が肥大するものに，テンサイ以外にも家畜の飼料用ビートやテーブルビートがある（図1－4－1）．

　テンサイを育種によって改良したのは，19世紀の半ばのフランスのヴィルモラン，J.L.で，根部が含む糖分率8.8％程度だったのを10.1％に上げた．19世紀末ころには13.2％，20世紀の1912年には18.5％にも及んだ（細川 1980）．

　テンサイは自株の花粉を受精しない自家不和合性の他殖性で，歴史的にはトウモロコシのような自然受粉品種で，集団内には，さまざまな遺伝子が潜在的に含まれていた．

　現在の品種はもちろんハイブリッドで，しかもテンサイの育種では，3つの遺伝的特性，雄性不稔性・単胚性・倍数性が利用されている．雄性不稔性は一代雑種種子の採種のため，単胚性は栽培上の間引きの手間を省くため，倍数性は根部全体の収量性を高めるために不可欠である．

　雄性不稔性は，ヒマワリ同様，一代雑種の種子を採種するための種子親に必須の特性で，Owen（1942）がアメリカの集団（US系統という）の中で見出した．細胞質雄性不稔であった．この雄性不稔性を回復させてしまう核内の遺伝子は2対，この2対の遺伝子がいずれも劣性ホモで完全な雄性不稔とな

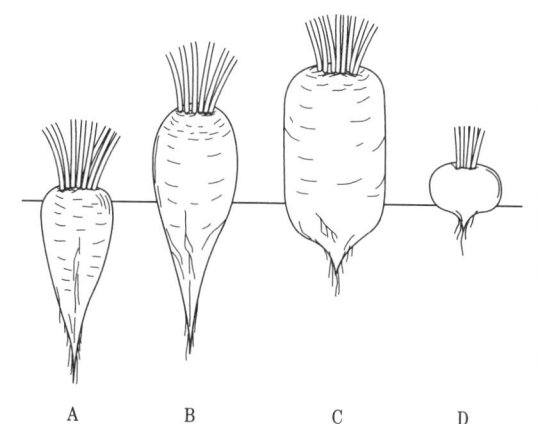

図1－4－1　テンサイなど *Beta vulgaris* のさまざまな栽培型（細川 1980）
胚軸部と直根上部の割合が栽培型によって異なることが分かる．A：テンサイ，B：家畜ビート（高糖型・Lankerタイプ），C：家畜ビート（低糖型・Waltzenタイプ），D：テーブルビート（"Rote Kugel"タイプ）．

る．雄性不稔系統は細胞質遺伝子と併せてSxxzzと記号化している．普通の可稔性細胞質の遺伝子はNで，核内の遺伝子がxxzzとなっているNxxzzでは雄性可稔で，発見者OwenのOからO型としている．

単胚性は，ひとつの果房に1個の種子しか発生しない特性である．テンサイと同じフダンソウもテーブルビートも，ひとつの果房に種子が2～3個着くのが普通で多胚性と名付ける（図1-4-2）．この果房をテンサイでは種球といい，種球にいくつもの種子があっては，種球を播くと一株にいくつもの芽生が生じ，間引いて1個体にしなければ，お互いの生長肥大を妨げてまともな根とはならず，生産量はぐっと低下する．さらに間引く手間が栽培期間の全労働時間の1/4弱にもなる．そこで1930年代から，当時のソビエトで遺伝的な単胚性の育種が研究され，アメリカにソビエトから移住したSavitsky（1954）が，オレゴン州で1948年に単胚性の個体を見出した．ソビエトでは1956年，ポーランドでは1958年に，それぞれ単胚性の品種を育種している．

この単胚性の遺伝子は，その後全世界に流布して日本でも後に述べる品種モノヒカリで，この遺伝子は使われている．国の内外を問わず品種名に「モノ」とついていれば，単胚性の品種である．この単胚性遺伝子は単一の劣性遺伝子でmと命名され，一方多胚性の遺伝子はM^1，M^{Br}，M，M^2といくつもの遺伝子が同定されている．そこでハイブリッドの種子親とする系統にはm遺伝子をホモ接合，mmという遺伝子型にする．$mm \times MM$のF$_1$種子が遺伝子型mMにとなっても，種子親のmm個体の遺伝子型に支配されて，種子そのものは単胚である（細川1980）．

植物種の染色体数は，*Brassica*属で示したように固有の基本数を持つ．テ

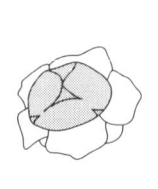

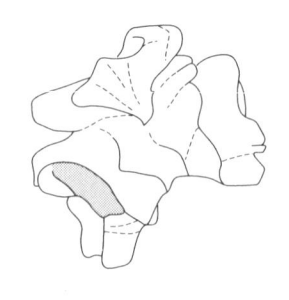

図1-4-2 テンサイの単胚種子と多胚種子
左が単胚で1つの果梗に種子が1個で，右が多胚で1つの果梗に種子が3個．

ンサイは $n=9$ である．この基本の染色体が対になって生物は成り立ち，2倍体といわれる．染色体数が何らかの理由で基本数の倍となることを倍数化といい，そこに倍数性の植物体が生じる．2倍体のものを何らかの方法で倍加すると4倍体となる．4倍体と2倍体とを交雑して得られるのが3倍体である．この3倍体は根重が大きくなるため，外国のハイブリッド品種には3倍体のものもあるが，日本の品種はたいがい2倍体である．両親系統が2倍体であると，育種するのに都合がよい．

今から20年以上前，北海道農業試験場（当時）のテンサイ育種グループ（田辺ほか 1994）は，一代雑種モノヒカリを育成した．糖の含有率が高く，製糖する過程で歩留まりを低下させる有害性の非糖分が少ないという特長を持っていた．

しかしモノヒカリは抽苔しやすいために，日本ではそれほど広く栽培されなかった．ところが育種した当初から外国，とくにアメリカではなぜか抽苔し難く，注目されていた．アメリカの種子会社は，種苗法の手続きを経て使用権を得，アメリカの農家に販売した．1985年，アメリカのテンサイ栽培面積は45万haで，モノヒカリの栽培面積はおよそ10万ha，つまり22％も栽培された．

モノヒカリの含糖率はおよそ17.2％，根の収穫量は51.5t/haだから，ha当たりの糖の収量は8.86tである．モノヒカリが育種されたあとのハイブリッドであるモノホマレ（1988年育成）もモノホワイト（1989年育成）も，その花粉親にはモノヒカリの花粉親でもあるNK-152が用いられ，モノヒカリを超えるすぐれた品種となった．ハイブリッド品種の育種には，両親の育種がいかに大切であるかを物語っている．

なおテンサイ糖の砂糖はスクロースのみでなく，ラフィノースなどいくつかのオリゴ糖を含み，最近の栄養学によると，オリゴ糖は健康上優れた効果を持っているとのことである．

3. ソルガム

　熱帯・亜熱帯での主要穀物というと，やはり3大穀物のトウモロコシ，コムギそしてイネである．ところがイネを栽培するのには，水稲はもちろん陸稲でも相当な量の水が必要である．トウモロコシでも年間降水量600mmが必要で，600mmに満たなくても400mmまでなら，ここに取り上げるソルガムである．

　高粱（コウリャン）の名でも知られているソルガム（*Sorghum bicolor*）は，アフリカに起源してインドをはじめ世界各地で栽培され，トウモロコシとは逆に新大陸にも導入されて，栽培されている．植物分類上ソルガムと同じ種に，乾燥に強く植物体をそのまま青刈り飼料として使われるスーダングラスがある．ソルガムのひとつであるブルームコーンは座敷箒の材料で，穂の穀粒を脱粒した穂軸・枝梗をまとめて箒とする．ブルームコーンは枝梗がリング状に着き，花（穀粒）の付き方もまばらである（図1－4－3）．

　ソルガムには，草丈を短くする矮性遺伝子があり，この遺伝子は草丈は短くなっても，葉の数つまり節の数は減らすことなく，しかも葉身の長さと幅にはほとんど変化を起こさない．つまり生育量が十分確保されて，個体全体の光合成能に低下は見られない．

　ソルガムの矮性遺伝子は dw_1, dw_2, dw_3, dw_4 の4個があって，いずれも劣性遺伝子でホモ接合でのみ発現する（Quinby and Karper 1954）．4個の遺伝子は $n=10$ 本の別々の染色体に座乗しているので，ひとつの系統に4つの遺伝子をすべて集めることができる

図1－4－3　ソルガム品種のひとつブルームコーンといわれ，子実を落として枝梗の束をまとめて箒の材料となる．

が，4個集めると矮化し過ぎるので，実用上3個で止めている．草丈を150cm程度に短くしても，穂の大きさ・長さに変化はなく，したがって粒の収量には影響しない．現在，アメリカの種子会社が販売している品種は，みんなこうした矮性遺伝子によって草丈が短いソルガムである（図1−4−4）．

ソルガムもヒマワリと同じように部分他殖性で，他殖率は10〜15％である．そこでハイブリッドの種子を生産するには，種子親は雄性不稔でなければならない．しかしF_1となったときには，成熟した花粉ができて受精能力を持たないと，子実生産が成り立たない．このこともヒマワリと同じである．ソルガムやヒマワリ・トウモロコシ・イネなど子実を収穫の対象とする場合には，ハイブリッドの採種栽培では雄性不稔が求められ，生産するための栽培では雄性可稔，つまり稔性回復遺伝子が働くハイブリッドでなければならない．野菜のニンジンやタマネギ，糖料作物のテンサイでは，対象とする収穫部分が栄養体であるので，F_1となったときの稔性の回復は問題にならない．

ソルガムの細胞質雄性不稔は，Stephens and Holland（1954）がソルガムの品種群のひとつマイロで見出してAと名付けた．その後別のものが次々に発見されて，インドのものがA2，エチオピアのものがA3で，いずれもS細胞質型に属するとされた．S細胞質型を持つソルガムの数は予想以上に多く，インド由来のもの7，ナイジェリアが5，スーダンが4，エチオピアが3，ジンバブエが2，ウガンダが1と各地で発見され（Schertz and Pring 1982），ソルガムではその種内に雄性不稔遺伝子

図1−4−4 ソルガムの矮性遺伝子が集積した効果（春日重光の好意による）
ソルガムでは矮性遺伝子が4個（dw_1, dw_2, dw_3, dw_4）発見されている．この写真では左の系統では第3の遺伝子がDw_3で，すべての矮性遺伝子が発現している右の系統との比較ができる．

が広く存在していた.

　日本のソルガムの利用の仕方は，植物体と子実をひとまとめにしてサイロに詰めてサイレージとする子実と植物体を対象とするため，ホール・クロップ・サイレージ用である．1980年に長野県で育種したハイブリッド品種スズホ（滝沢ほか 1982）は，もちろん雄性不稔性を利用した．種子親は合衆国から導入した子実生産用の系統 MS21 Redbine Selection 3048A で細胞質雄性不稔遺伝子を持ち，花粉親は中国東北部がかつて満州といわれた時期に収集，保存されていたコウリャンの品種千斤白である．前者はまた矮性遺伝子を持つため風雨にさらされても倒れにくく，後者の千斤白は草丈が高く，雄性不稔性を回復させる遺伝子を持っている．千斤白は草丈が高いことから，ハイブリッドの種子生産のためには，矮性の種子親への花粉の供給がしやすく，ハイブリッドであるスズホは植物体も穂も大きく，ヘテロシス効果も大きい.

　このスズホが公表されると，世界中のどこにもないハイブリッド・ソルガムであることから，まもなくアメリカの大手の種子会社（複数）が，両親系統を含めてゆずり受けたいと申し出た．しかし県の事情で断った．この申し出に応じていれば，あるいはテンサイのモノヒカリのように，外国でも大いに覇を唱えたかも知れない.

4．ナタネ

　ナタネという油料作物が黄色い花を咲かせている風景は，南九州鹿児島の開聞岳の春と東北下北半島の初夏かも知れない．日本での栽培は，20世紀に入るまでは和種ナタネ（*Brassica rapa*，染色体ゲノム型は A）が栽培されていたが，その後導入された洋種ナタネ（*B. napus*，同じく AC の複2倍体）が栽培され，水田二毛作の冬作物としても栽培され，1955（昭和30）年には畑も含めて208千 ha 近く栽培されていた．品種改良も全国的に行われて，ある品種は含油率が 48％におよんだ.

　油脂を構成する脂肪酸のうちでおよそ50％がエルカ酸であった．エルカ酸は健康上必ずしも良いものでないとのことから，ナタネでエルカ酸を生合成させない考えが起こった.

第4節　予想外の一代雑種利用－ヒマワリからイネまで－

　カナダの Downey（Downey and Rimmer 1993）は，ナタネでエルカ酸の生合成過程を遮断する遺伝子，e_1, e_2 を発見，この2つを共存させる必要があり，メンデルの法則に従うと，1/16の確率でエルカ酸ゼロの個体を見出すことができる．この2つの劣性遺伝子を持つ場合は，エルカ酸が0％，オレイン酸が64％と高率になり，リノール酸も倍増する．

　1960年代に開発されたガスクロマトグラフィーの手法により，Downey たちは，1粒ごとに半分ずつ使って脂肪酸の組成を化学分析し，残りの半分を上手に発芽させて育て，望みとする遺伝子型の個体を選抜・育種し，カノーラと名付けた．

　農林水産省の東北農業試験場（当時）でナタネの育種に携わっていた柴田ほか（1981）は，苗床で双葉が展開したところで，子葉の一部を切り取って化学分析に用いる発芽子葉法を開発した．この方法によると，すべての個体が正常に育つので，選抜の効率が飛躍的に高まった．

　ナタネもヒマワリやソルガムと同じように，部分他殖性で他殖率は7～8％である．そのうえ花粉の受粉には，虫の来訪が必要な虫媒花でもある．先のヒマワリも虫媒花である．ナタネを含めアブラナ科植物の大部分は，虫媒花なので花粉の表面は粘っこく，何粒かがお互いに着きあって固まりとなっている（図1－4－5）．

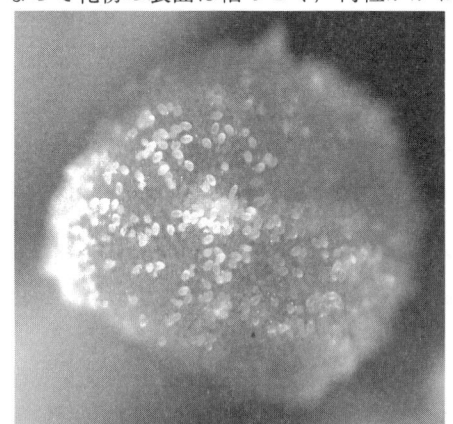

図1－4－5　ナタネの雌しべの柱頭上に着いたラグビー球の形をした花粉（白く光っている）（大川安信の好意による）

　ナタネのハイブリッド種子の採種には雄性不稔性の種子親を使い，組合わせた F_1 では可稔となるような花粉親を使う．この雄性不稔性は，農業技術研究所（当時）の志賀（志賀・馬場 1971）が発見，日本育種学会で公表したのが世界で最初である．そして翌年のイギリスの雑誌 Heredity に Thompson（1972）が報告した．発見にいたる経緯も実験材料も

ほぼ同じで，この雄性不稔性は，日平均気温が20℃を超える気象条件になると，葯の中の花粉が正常になり雄性可稔となる．Thompsonも同じことを報告している（志賀 1976）．

ソルガムもナタネも，繁殖方法が完全他殖でも完全自殖でもなかったことから，雄性不稔性が発現することなく温存されていて，それを研究者が鋭い観察眼で選び出した．

こうしたことは，やはり日本のナタネの育種家たちの研究でも見られた．1963年，含油率48％の品種アブラマサリなど多くの品種を育種してきた東海近畿農業試験場（当時）の菅野のグループは，数多くのナタネ品種（*Brassica napus*）を育種しているうちに，交雑の後のF_1で花粉のでき方に正逆差，つまりA×BのF_1と，B×AのF_1とで違いがあり，そのことを確かめた（菅野ほか 1963a，1963b，菅野・山口 1963）．

例をあげると，チサヤナタネ×イスズナタネ（A×B）のF_1では種子ができにくく，その逆の組合わせ（B×A）F_1では普通に種子が採れる．そこで日本で育種に使っている品種・系統を，正逆交雑で花粉に異常が起きやすいグループと起きにくいグループ，さらにその中間のグループとに分けることに成功した．

志賀もThompsonも，菅野たちの報告の延長線上にある．つまり菅野たちは，雄性不稔を起こす遺伝子が潜在化してナタネの品種に隠されていることを，確かめていた．1982年に会ったフランス農業科学院のナタネ育種のリーダー，Rouneau, M.も，菅野たちの論文に眼を通していて，著者のこの意見に同意した．

さらにナタネや類縁種で核外の細胞質にある雄性不稔遺伝子が日本で見出されている．また大韓民国水原市にある農村振興庁農業試験場のLee, Jung Ill（李正日）は1977年に，済州島にあった在来種から雄性不稔性の核遺伝子を発見している．

ナタネの雄性不稔の細胞質はその後Downeyに譲られて，カノーラのハイブリッド化に用いられているらしい．

カノーラに属するいくつかの品種とR500と名付けられた品種とのF_1は，

子実収量が40％増のヘテロシスを示し，カノーラでハイブリッドの有用性が理解できる．フランスの Rouneau のグループの Lefort=Buson et al.（1987）は，ヨーロッパ産ナタネとアジア産ナタネ（その中に日本の品種，北海道種・イスズナタネも入る）を組合わせた F_1 の生産性を調べ，遠縁のもの同士の F_1 ほど，雑種強勢が大きいことを報告した．

5. コムギ

コムギ（Triticum aestivum）は自殖性だが，イネ・ダイズのような閉花受粉ではなく，開穎後に花粉が飛散する開花受粉であることが多い．開花受粉であるから他殖もしやすいので，ハイブリッドの種子の採種も容易であろう．トウモロコシのところで述べたロシアのバビロフ研究所では，遺伝資源として採種する場合には1穂ごとに袋を掛けて，自分の穂に由来する花粉のみが受粉するようにしている．

1980年代の前半，戸倉一泰は，新しいコムギ品種の種子増殖をしているときに，自然交雑した個体が見出されたことから，コムギの自殖率について内外の文献を調べた．そして普通は他殖率が5％にもならないが，条件によっては予想以上に他殖することを確かめた（山田・戸倉 1999）．すなわち，雄性不稔性の系統さえ見出せば，案外 F_1 の種子の採種は容易である．

コムギの雄性不稔性は，コムギ属のひとつ Triticum timopheevi（ティモフィービコムギといい，染色体ゲノムの構成は AB）由来の雄性不稔細胞質がもっぱら使われた．またコムギでは除雄剤で処理する方法もあり，CHA（Chemical Hybrid Agents）といわれる．コムギのハイブリッドについては，1960年代の5年間にアメリカのコムギ主産地を中心に行われ，民間数社の種子会社が開発を進めた（Curtis and Johnston 1969）．残念ながら，アメリカの主要コムギ生産地域では自家採種の技術が十分であり，一方，ハイブリッドの生産性が際立って高くはないことから，普及率は1％以下にとどまった．アメリカ農業の社会経済的な条件から見て，コムギのハイブリッドに対する要望が厳しいのかも知れない．アイディアはすぐれていたが，今のところ成功したとはいえない．

6．イネ

　今から半世紀以上前，Brown（1953）がマラヤ（当時）の農業雑誌に，イネの雑種強勢という論文を書いた．そこでは「イネのような作物では実用性はなく，研究する意味はもっぱら学問的（アカデミック）」とした．Brownによると，インドの遺伝学者ラミアたちは，雑種にしても少しも強勢にはならないとしていた．しかしBrownはF_1の28組合わせについて，草丈・穂数・一株子実重・開花まで日数・登熟日数・百粒重を調べ，F_1は両親に使った品種のいずれよりも穂数と一株子実重の値が大きく，著しく雑種強勢が現われた．しかしほかの4つの特性については，否定的であった．さらにさかのぼる4半世紀前のJones（1926）によると，4組合わせについて，やはり草丈・穂数・一株子実重に雑種強勢を認めている．1956年の夏，著者の卒業実験ではインディカ型とジャポニカ型とのF_1の生産力の現われ方が課題で，やはり同じ結果を得ている．しかし組合わせによっては，かえって収量が低い例もあった（未発表）．

　F_1の種子を得るのには，人手で交雑する以外にF_1の種子を得る方法はなかったから，F_1の種子を大量に採種することは到底無理な状況であった．しかしBrown（1953）から30年後には，ハイブリッド・イネの品種が実際に登場した．そこにはF_1の種子採種の技術の基礎となる雄性不稔性の研究の拡がりと，積極的に雑種とする組合わせを探索することに，長足の進歩があったことによる．同時に，雑種とすることの長所が受け入れられる農業上の要請は，日本ではなく中国大陸であった．1980年当初の日本は，すでにコメの単収は玄米で4.46t/haの収量レベルにあって生産過剰だったが，中国大陸の生産能力はいまだ玄米で3.39t/haで，一層の増産が求められた．

　中国大陸では1964年にイネの一代雑種によって増収しようという研究が開始され，10年後には普及できるハイブリッドの育種に成功し，さらに10年後の1980年には全作付面積の約1/3の1,000万haに作付けられた．ハイブリッド品種は中国の人たちが好むインディカ型の品種間F_1が大部分であった．そして両親系統のうちの種子親は，海南島原産の野生イネに由来する細胞質

雄性不稔を持ち，花粉親は普通の品種であった．

　また急激に人口が増加しているインドでは，ハイブリッド・イネに対して積極的であり，FAO（国連農業機構）の委嘱で調査した池橋宏の私信によると，国家機関のみでなく外資系の民間会社が，800〜1,000系統，さらに稔性回復系統の探索に3,400系統を供試して，多収性のハイブリッド・イネの組合わせを見出そうとしている．イネのハイブリッドに対して，中国大陸・インド亜大陸のほか国際イネ研究所，日本の研究機関や大学で，多くのイネ研究者が研究し続けている．

参考文献

Brown, F.B. 1953. Hybrid vigour in rice. Malaya Agric. J. 36 : 226 − 236.

Carter, J.F. ed. 1978. Sunflower Science and Technology. Amer. Soc. Agron. Madison. 505pp.

Coffman, W.R. and R.M. Herrera 1980. Rice. Fehr, W.R. and H.H. Hardley ed. "Hybridization of Crop Plants" Amer. Soc. Agron. Inc., Wis. 511 − 522.

Curtis, B.C. and D.R. Johnston 1969. Hybrid wheat. Sci. Amer. 220（5）: 3 − 11.

Downey, R.K. and S.R. Rimmer 1993. Agronomic improvement in oilseed brassicas. Ad. Agron. 50 : 1 − 66.

Durand, Y. 1962. Rapport de mission en USSR sur la recherché agronomique et la du tournesol. Cent. Tech. Interporf. des Olead. Metropol. Av. V. Hugo. 174pp.

Gundaev, A.I. 1971. 1971. Basic principles of sunflower selection. In "Genetic Principles of Plant Selection" Nauka Moscow. USSR （transl. : State Sect Dept, Ottawa Canada. 1972, 417 − 465.）

北農会編 1994. てん菜. 北農・新耕種法シリーズ4. 北海道協同組合通信社, 札幌. 104pp.

本田裕ほか 2002. ヒマワリ品種「ノースクイーン」の育成とその特性. 北海道農研研報 176 : 75 − 79.

細川定治 1980. 甜菜. 養賢堂, 東京. 188pp.

Jones, J.W. 1926. Hybrid vigor in rice. J. Amer. Soc. Agron. 18 : 423 − 428.

菅野考己・山口隆 1963. 菜種の正逆交雑における形質発現の差異に関する研究. VI. 正逆雑種第1代における花器発達過程の細胞組織学的観察. 東近農試研報　栽培第1部 9 : 162 − 182.

菅野考己ほか 1963a. 菜種の正逆交雑における形質発現の差異に関する研究. II. 組合せによる正逆差発現の差異. 東近農試研報　栽培第1部 9：92 − 123.

菅野考己ほか 1963b. 菜種の正逆交雑における形質発現の差異に関する研究. V. 雌雄ずいの受精能力並びに花粉形成について. 東近農試研報　栽培第1部 9：150 − 161.

Kaul, M.L.H. 1988. Male Sterility in Higher Plants. Springer‐Verlag, Berlin. 1005pp.

Kuptsov, A.I. 1935. A unisexual female sunflower. Bull. Apll. Bot. Leningrad, USSR, 14：149 − 150.

Lefort＝Buson, M. *et al.* 1987. Heterosis and genetic distance in rapeseed (*Brassica napus* L.)：Crosses between European and Asian selfed lines. Genome 29：413 − 418.

Long, P.Y. 1998. Hybrid rice production in China. Virmani, S.S. *et al.* ed. "Advances in Hybrid Rice Technology", IRRI, Manila. 27 − 33.

永田伸彦 1996. テンサイ作の歴史と現状−北の糖料資源. 西尾敏彦ほか編 「昭和農業技術発達史」 第2巻　畑作/工芸作編. 農文協, 東京. 323 − 345.

Owen, F.V. 1942. Cytoplasmically inherited male sterility in sugar beet. Agr. Res. 71：423 − 440.

Putt, E.D. 1964. Recessive branching in sunflowers. Crop Sci. 4：444 − 445.

Putt, E.D. 1997. History and present world status. Carter, J.F. ed. "Sunflower Science and Technology" ASA, CSSA, SSSA, Madison. 1 − 30.

Quinby, J.R. and R.E. Karper 1954. Inheritance of height in sorghum. Agron. J. 46：211 − 216.

Savidan, Y. 2000. Apomixis：Genetics and breeding. Plant Breed. Rev. 18：13 − 86.

Savitsky, H. 1954. Obtaining tetraploid monogerm self‐fertile, self‐sterile and male‐sterile beets. Proc. Gen. Meet. Amer. Soc. Sugar Beet Techn. 8：50 − 58.

Schertz, K.F. and D.R. Pring 1982. Cytoplasmic male sterility systems in sorghum. Proc. Int. Symp. Ser. ICRISAT. Hyderabad. 373 − 383.

柴田悖次ほか 1981. ナタネの脂肪酸組成の改良について. 2. 発芽子葉法による無エルシン酸個体の検出. 日作紀東北支部会報 24：97 − 98.

志賀敏夫 1971. ナタネ. 現代農業技術双書. 家の光協会, 東京. 253pp.

志賀敏夫 1976. ナタネの細胞質雄性不稔利用によるヘテローシス育種に関する研究. 農技研報 D27：1 − 101.

志賀敏夫・馬場知 1971. ナタネの細胞質雄性不稔系統について. 育雑 21（別2）：16

― 17.

Stephens, J.C. and R.F. Holland 1954 . Cytoplasmic male sterility for hybrid sorghum seed production. Agron. J. 46：20－23.

滝沢康孝ほか 1982. ソルガム「東山交2号（のちにスズホと命名）」に関する試験成績. 長野中信農試 47pp.

田辺秀男ほか 1991. テンサイ品種「モノヒカリ」および親系統の育成とそれらの特性. 北農試研報 155：1－47.

Thompson, K.F. 1972. Cytoplasmic male sterility in oilseed rape. Heredity 9：253－257.

山田実・戸倉一泰 1999. コムギの他殖率. 農業技術 54：228－231.

第5節 13億人を養うハイブリッド・イネ

イネ（*Oryza sativa* L.）は，日本人が好むコシヒカリで象徴されるような品種群はジャポニカ亜種（*O. sativa* var. *japonica*）で，種の相当部分はインディカ亜種（*O. sativa* var. *indica*）である．このほかにももう2つの亜種とされているグループにジャバニカ亜種（*O. sativa* var. *javanica*）とシニカ亜種（*O. sativa* var. *sinica*）がある．種としてのイネのなかで，ジャポニカ型は世界的には少数派だが，日本以外の諸国でも食味が好まれ出している．

イネという作物は，世界3大作物としてコムギ・トウモロコシと肩を並べている．とくに人口の増え方が著しいアジア・モンスーン地帯で栽培されている．それにもうひとつ忘れてはならないことがある．イネのように「水田状態で栽培する」ということは，畑状態で栽培するコムギ・トウモロコシなど多くの作物とは異なり「連作障害の元となるものを常に水に流す」利点を持つ．つまりハイブリッドにすることによるイネの単収増加とともに，連作害を避ける作物の種類を換える輪作がいらず，食料を確保するうえでは非常に重要な作物でもある．ここではイネのハイブリッド化の進み方について記す．

1. イネのハイブリッド化での課題

　自殖性，それも閉花受粉を主としてきたイネをハイブリッドにするには，3つの解決しなければならない課題がある．まず，日本・大韓民国ではすでに単収の水準が固定品種（意図したハイブリッドではない）で5.0t/haであることから，ハイブリッドにしたときに単収の増加は期待できるのか？そしてそのような限界を突破できるようなハイブリッドになる組合わせを，見出すことができるのか？ということである．

　第2にハイブリッドの種子を採種するのには，種子親が自殖しない雄性不稔であることと，閉花受粉から開花受粉に受粉態勢が変わっていなければならない．一代雑種種子を得るためには一定時間開葯していて，花粉親の花粉が十分受粉する必要がある．さらにそのことを支える花粉親の花粉量が，格段と多い必要がある．またそれを受け入れる雌しべの寿命も長い必要がある．

　第3に，イネはトウモロコシ・ヒマワリ・ナタネ・ソルガムと同じように子実を収穫の対象としているから，種子親として必要であった雄性不稔性はF_1ではかえって邪魔で，ハイブリッドになったときには発現してはいけない．ハイブリッドとなったときに可稔とするような遺伝子（稔性回復遺伝子という）をF_1は持ち，発現しなければならない．

　以上の3点は，ハイブリッド・イネを育種する以上，避ける訳にはいかない．それではどのように解決してきているのか？とにかく初めにハイブリッド種子の生産のために必要な雄性不稔性，そしてハイブリッドの子実生産に必要な稔性の回復遺伝子のことに触れる．

2. 細胞質雄性不稔性の存在

　イネの細胞質雄性不稔性を初めて発見したのは勝尾・水島（1958）であった．不十分ながらSampath and Mohanthy（1954）もある．勝尾・水島は，野生種の*Oryza perennis*に耐冷性品種として有名な藤坂5号を5回戻し交雑し，野生種の細胞質が藤坂5号の核内遺伝子との働き合いで，雄性不稔が発現することを知った．その後相次いで雄性不稔細胞質が発見された．北村（1961）はイン

ディカ型の Te-tep やジャポニカ型の農林8号で，渡辺ほか（1968）はビルマ（いまのミャンマー）のリード・ライスと藤坂5号で，それぞれ細胞質雄性不稔系統を育成した．

なかでも琉球大の新城長有教授（Shinjyo 1969, 1975）がインドのイネ，チンスレ・ボロ II と台中65号との交雑後代で発見して育種した系統は，ハイブリッド・ライス育種にとって注目された．中国大陸では，やはりチンスレ・ボロ II，リード・ライス，さらに海南島産の野生イネの3者に由来する3通りの細胞質雄性不稔が使われている．チンスレ・ボロ II を使うことは新城教授の発見と期を一にしていて，その発見・利用に至る経緯には興味がひかれる．

新城教授が発見したチンスレ・ボロ II の細胞質遺伝子を例として，イネの雄性不稔について少し詳しく見る．チンスレ・ボロ II の雄性不稔性細胞質は，それまではチンスレ・ボロ II の核内にある稔性回復遺伝子の働きで，発現し

チンスレ・ボロ
($cms\text{-}boro/Rfrf$)

台中65号
($n\text{-}boro/rfrf$)

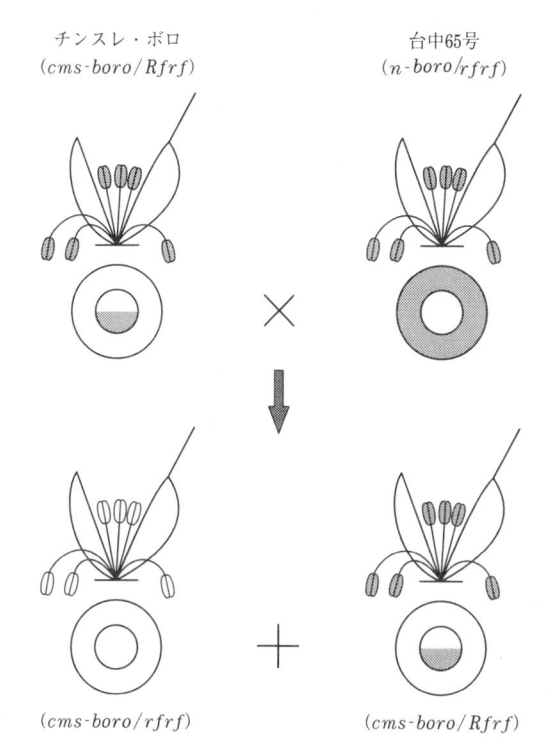

図1-5-1 イネの品種チンスレ・ボロ II と台中65号との交雑で細胞質雄性不稔を発見した経緯（Shinjyo 1975 より作図）

チンスレ・ボロ II の細胞質は雄性不稔因子（$cms\text{-}boro$）を持つが，核内に稔性回復遺伝子をヘテロ状態（$Rfrf$）で持つことから，雄性可稔．台中65号の細胞質は正常（$n\text{-}boro$）であり，核内には非稔性回復遺伝子のみ（$rfrf$）であっても，やはり雄性可稔．チンスレ・ボロ II に台中65号の花粉を受粉した結果，次代は完全雄性不稔の個体（$cms\text{-}boro/rfrf$）と雄性可稔の個体（$cms\text{-}boro/Rfrf$）とが分離し，チンスレ・ボロ II の細胞質が雄性不稔因子を持つと推定できた．

($cms\text{-}boro/rfrf$)   ($cms\text{-}boro/Rfrf$)

ていなかった．しかし台中65号との交雑で，台中65号が稔性回復遺伝子を持たないため，結果としてチンスレ・ボロIIの雄性不稔細胞質遺伝子が発現した．新城教授の実験ではもう少しこみ入っているが，ここでは単純に図式化した（図1－5－1）．

チンスレ・ボロIIの細胞質不稔性を支配する遺伝子は $cms\text{-}boro$ とされ，核内にあって稔性を回復する遺伝子型はヘテロ接合の $Rfrf$ である．台中65号の細胞質は正常遺伝子 $n\text{-}boro$ で，核内遺伝子は稔性を回復しない $rfrf$ であった．いずれも表現としては雄性可稔である．ところがチンスレ・ボロIIに台中65号の花粉を受粉して得られた F_1 の種子は，雄性不稔性について見ると，$cms\text{-}boro$ で $Rfrf$ と $cms\text{-}boro$ で $rfrf$ の2通りで，前者の種子の個体は雄性可稔，後者の種子の個体は雄性不稔になる．

さらに，$cms\text{-}boro$ で $Rfrf$ という個体の花粉が，$cms\text{-}boro$ で rf の花粉が死に，$cms\text{-}boro$ で Rf の花粉が生きていること，つまり稔性回復遺伝子は配偶体（つまりは花粉）でのみ発現すると結論付けた．イネでも後に述べるトウモロコシのT型やC型と同じ胞子体型の稔性回復遺伝子（ヘテロ接合でもすべての花粉が可稔）を持つものも，後に発見された．

新城教授はさらに，トリソミック分析・相互転座分析（詳しくは別途調べられたい）によって，この稔性回復遺伝子はイネの第7染色体に座乗するとした．そして日本の栽培品種150について確かめたところ，131品種は稔性を回復させない遺伝子型で，細胞質については正常細胞質であった．ジャポニカ型でない外国のイネ153品種では，雄性不稔細胞質を持つものが4系統，稔性回復遺伝子を持つものは54系統であった．稔性回復遺伝子を持つものは熱帯のイネに多く，温帯のイネはこれを持つものが少ないこともわかった．新城教授は，渡辺ほか（1968）のリード・ライスの細胞質や，勝尾・水島（1958）の $Oryza\ perennis$ の細胞質についても調べているが，ここでは省略する．

中国大陸で用いられている細胞質は，これまでに述べた細胞質のほかに，野敗と名付けた海南島産野生稲由来の細胞質があり，これはトウモロコシのT型同様に稔性回復遺伝子が胞子体型であった．なお，核遺伝子雄性不稔性についての研究がイネでは1980年代に始められているので，後の章で説明する．

ひとくちに細胞質雄性不稔遺伝子としたが，その遺伝子は細胞質に分散している細胞小器官の中で，どのような小器官に含まれているのか．イネではいくつかの結果が知られていて，門脇(1993)によると，雄性不稔遺伝子は細胞小器官のミトコンドリアの中にあり，その種類の識別もDNA分析で可能になっている．イネ以外にも，トウモロコシ・テンサイなどで，分子生物学的分析による成果が報告されている．

3. ハイブリッドでは可稔となること

ナタネ・ソルガム・ヒマワリ，それにコムギなど子実生産を目的とする作物では，雄性不稔性を利用してF_1種子の生産した場合，F_1個体では稔性回復遺伝子によって，正常な花粉が十分形成されなければならない．ハイブリッドの実用上の問題として立ち入る．

新城教授が発見したチンスレ・ボロⅡの細胞質雄性不稔に対して，その稔性を回復する核内遺伝子は配偶体型である（図1-5-2）．配偶体型の稔性回復遺伝子を持つハイブリッドでは，頴花にできる葯内の花粉の半数は*rf*遺伝子を持つため，正常な花粉とはならない．しかし胞子体型であれば，花粉の遺伝子が何であれその植物体が*Rfrf*であれば，*Rf*遺伝子の作用でハイブリッドの花粉はすべて正常に発育して相当な量の花粉が形成される．しかしイネでは配偶体型なのに利用され，大量な花粉が必要ではないらしい．

日本のハイブリッド・イネのひとつ，三井化学(株)のMH2003とMH2005は，まず人工交雑でF_1を700組合わせつくり，そ

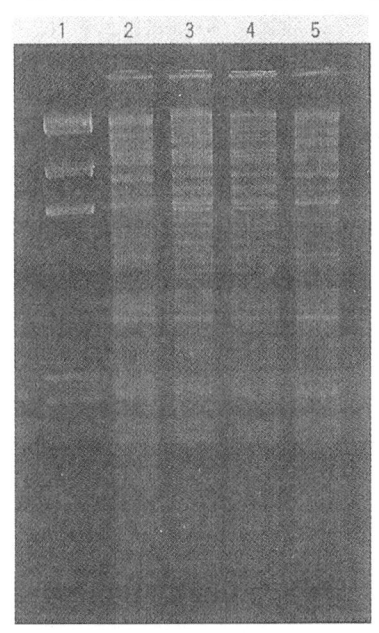

図1-5-2 イネのミトコンドリアDNAを制限酵素，PstⅠで切断した断片の電気泳動パターン（門脇 1993）
1：分子量マーカー泳動パターン，2：*cms-Bo*雄性不稔細胞質の泳動像，3：*cms-UR*89の泳動像，4：*cms-UR*102の泳動像，5：正常細胞質．

の組合わせの中では種子親として雄性不稔系統MHB23,花粉親に中国から導入した稔性回復遺伝子を持つMHR18の組合わせが,あらゆる点で優れていた.さらにMHB23の細胞質を,配偶体型の稔性回復遺伝子に対応した細胞質に置き換えたMHA23を育種して,MHA23×MHR18のハイブリッド,MH2003をつくった.このハイブリッドは,穂長が種子親であるMHB23に比べて長く,花粉親のMHR18と同じように一穂穎花数が多く(多田雄一の私信による),＋25％の収量を示した.

4. ハイブリッド種子生産上の隘路とその便法

　後の章で指摘するが,高等植物の繁殖方法の王道は,他殖性である.他殖であるためには,花粉親側の機構として,①花粉が飛散しやすいこと,②花粉量が多いこと,③花粉の寿命が長いこと,④個体単位で見ると開花日数が長いこと,が必要である.それに対して種子親である雌しべ側の機構として,①受精が可能な期間がある程度長いこと,②環境条件の変化に耐えること,が必須である.

　イネは穎花単位で見ると短期間に終わる閉花受粉で,少ない花粉の量で効率よく自殖受粉でき,他殖の条件とは対極にある繁殖方法をとっている.日本の栽培品種のジャポニカ型では,花粉の受精能力つまり寿命は,開葯して飛散後数分間しか保たれていない(穂積清之の経験談による).萼に当たる外穎を押し広げる鱗被が肥大して,開穎状態にあるのは,明峰正夫によると1時間半から2時間半である(木戸 1950).ハイブリッドの種子を得ようとするなら,他家受粉を支える2つの条件,まず花粉の寿命が長くて花粉の飛散時間がより長いこと,種子親側としては開穎の持続時間が長く,雌しべが長い時間受精能力を持っていなければならない.

（1）花粉側の問題

　まず花粉の寿命と花粉量の改良のためには,他殖性を主とした野生のイネに注目したい.つまりダラダラと開花・開葯し,採種の水田では何時間も花粉が飛び交っていて欲しい.残念ながら現在まで,このような特徴を持つ栽培イネは作られてはいない.花粉量も1個の葯が生み出す花粉の量は1,500個

強 (Namai and Kato 1988) で，6個の葯から9,000個強，それに1穂の頴花数が100〜120程度として90万〜108万個である．もっとも野生稲は葯の長さが1.6〜5.4mm，栽培稲は1.3〜2.6mm (生井 1988) で，野生稲では他殖に必要な花粉量を十分生み出している．

　この花粉量は風媒で他殖性であるトウモロコシの1雄穂当たり900〜1,500万個に比べると，およそ10〜14分の1と少ない．ところが有難いことにイネは1株当たり8〜12穂，穂別に開花日数がずれるので，花粉の供給日数が長くなる．この特長は，インディカ型で顕著である．

　もうひとつ別の要因として，花粉が飛散する位置がある．ライムギでは，自株の雌しべの受粉率が一番高く，離れるにつれて受粉率が低下する (Copeland and Hardin 1975)．イネも同じように両全花が頂部に着くため，花粉源から遠いほど受粉率が低くなる．とすればできるだけ遠くまで花粉を飛散させるためには，花粉親の草丈 (桿という) は高いほどよい．このためには，花粉親としては長桿だが，ハイブリッドとなったときには短桿になって欲しいので，劣性の長桿遺伝子 eui を利用することが提案されている．

(2) 雌しべ側の問題

　イネは閉花性の自花自殖が基本だから，開頴時間は50〜80分と短い．開頴時間を長くするには，頴の基部にある鱗皮の開頴能力を持続させればよい．温湯除雄法 (近藤 1942) の結果によると，雌しべの受精能力は24時間経っても衰えない．さらに雌しべに当たる柱頭は大きく (2mm)，パイナップルの葉のような柱頭 (図1-5-3) が頴の外に出るのと出ないのでは，花粉の受精率におよそ1.5倍の差がある (Namai and Kato 1988)．

(3) 採種栽培の手法

　このように花粉と雌しべの改良は，必ずしも十分ではないが，中国大陸ではこれを補う方法によって，ハイブリッドの種子を生産している．

　まず，花粉親と種子親の株の間をできるだけ近づけるために，混播して他殖する頻度を高める．しかしこの方法では，花粉親自身の種子も成熟・収穫されてしまい，理論的にはハイブリッド種子と花粉親種子が混ざったものが，ハイブリッドの種子として使われる．

もうひとつは，開花の時期に花粉の飛散を助けるための物理的な手法として，水田の向こうとこちらとに渡した紐で，穂面を人力で波打たせて他花受粉を促がす手立てである（図１－５－４）．花粉親２畦に対して種子親である雄性不稔系統は４〜５畦で，成熟したら花粉親の畦をあらかじめ刈り取ったあとで，ハイブリッド種子を収穫する．中国のハイブリッド品種の採種量は，当初の1976年にはほぼ0.3t/haであったのが，1990年には2.4t/ha，技術上の先進的な湖南省の醴陵では3.3t/haである（Virmani *et al.* 1998）．

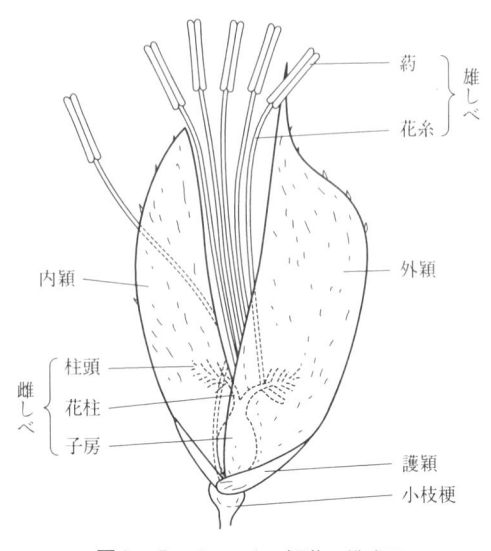

図１－５－３　イネの頴花の模式図
（生井兵治の好意による）

5. ハイブリッド・イネの多収性

1980年代，日本のイネ育種に携わる人たちは，日本のように高い単収（5.0t/ha）にある生産性，それに日本人が望む食味志向のもとでは，イネのハイブリッド化には少しばかり躊躇していた．とはいっても世界的な人口増加の圧力を考えると，収量性の向上は避けて通れない至上命題でもある．イネの場合，インディカ型とジャポニカ型のF_1でヘテロシスを期待するのもひとつである．ところが大層不都合なことがある．インディカ型とジャポニカ型を交雑する遠縁交雑のF_1では，多くの組合わせでF_1の個体に種子ができない．もちろん花，それに雌しべも雄しべも形態的には正常だが，花粉ができないか，花粉ができて受粉しても種子が発生しない．これを交雑不稔と名付ける．

（１）交雑不稔性の解消

このためハイブリッドとするインディカ型とジャポニカ型の組合わせでは，

図1-5-4 中国でハイブリッド・イネの指導図に描かれた採種用水田，開花期の様子
図の下の説明の中で「…開花期間中の7～10日間の毎日昼前後に，30分間隔で3,4回，ナイロンの紐（あるいは長い棒）を畦に直角方向に引いて…」としている．その他，開花させる方法も細かく説明されている．

まずこの交雑不稔を起こさない組合わせを見つけ出す必要がある．このイネの交雑不稔性については，染色体ゲノム単位の不対合を起こして次代の種子を発生させない場合や，配偶体致死遺伝子（1個か2個か）に起因する場合があるとされてきた．

　1980年代に，それまでのインディカ型とジャポニカ型との交雑不稔性について，不稔を起こす遺伝子を見直すことにした（Ikehashi and Araki 1987）．2,000に及ぶ系統について調べ，交雑不稔にならない広親和性遺伝子の存在を確かめた．この遺伝子は$S\text{-}5^n$であるとされ，この遺伝子を持つ品種群は広い範囲の交雑親和性を持っている．この遺伝子を利用する，あるいはこの遺伝子を積極的にインディカ群に拡げることによって，交雑親和性を大きく拡げ，ハイブリッド・イネの利用に明るい展望を与えた．

（2）収量性を支えるもの

　日本でのイネのハイブリッドの第1号は北陸交1号で，農林水産省の北陸農業試験場（当時）が1985年に育種したもので，種子親はジャポニカ型の藤坂5号に似たM3-1，花粉親はレイメイと外国イネ（というからインディカ型）との交雑集団の後代から選抜したHP1である．北陸交1号はかなり早生で当時北陸地方に普及していた品種アキヒカリをしのぐ収量で，穂長・粒重が両親より大，つまり穂の大きさと籾の充実度が高かった（Koga 1986）．

　北陸農試では，ハイブリッドの収量増を調べている．品種アキヒカリを種子親として，126の品種と交雑したハイブリッド126組合わせについて，一穂穎花数を調べた（図1-5-5）．アキヒカリの一穂穎花数とそれぞれの品種の

一穂頴花数との平均値（この値を仮想の中間親の値という）に対して，ハイブリッドの一穂頴花数の倍率を計算して，その倍数に入るハイブリッドの数を図の中に示した（吉田・藤巻 1985）．この図の中で BP（better parent, 値の高いほうの親．優勢親）とある太い線より上にある場合は，種子親（アキヒカリ）と花粉親のいずれよりも一穂頴花数が多かった F_1 である．その組合わせ数は91組合わせにも及ぶ．

イネの穂は詳しく見ると，中央の主枝と枝分かれしている数本の一次枝梗，そしてさらにその一次枝梗には2～3本の二次枝梗が分かれ，頴花（果）が付いている．先に示したトウモロコシでは，ハイブリッドにしてもヘテロシスが現われない形質は粒列数（器官の分化に支配）であった．イネでは一次枝梗の数は変わりにくく，二次枝梗の数もあまり変わりがない．しかし二次枝梗，ときによっては一次枝梗に着く頴花が，両親では退化あるいは稔らない粃（シイナ）となるのに，ハイブリッドではほとんど完全に稔って，一穂粒数が両親のいずれよりも超えている（吉田・藤巻 1985）．また別のデータでは，一株に生じる分げつ数がハイブリッドでは両親よりも確実に多く，しかも両親では未発達のまま休眠状態なってしまう下の方の節から生じる分げつが，確実に発

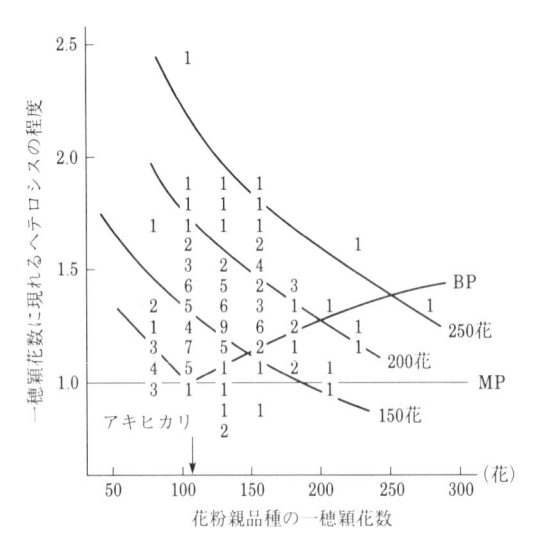

図1－5－5　イネの品種アキヒカリを種子親とする F_1 の1穂頴花数に現れたヘテロシス（吉田・藤巻 1985より改写）

図中の数字はその位置の値を示した F_1 組合わせ数．MP：中間親の値，BP：優勢親の値，斜線： F_1 の一穂頴花数を示す等数線．

生・生長していく（松葉ほか 1986）．つまりイネでハイブリッドにすると，①正常に分化した穎花は，すべて確実に稔る，②休眠してしまう分げつ芽が，発達して穂を着ける，③結果として一株粒数が増大する．

こうした証拠には，北陸交1号の場合のような穂長と粒重にヘテロシスが現れる例（Koga 1986），同じく一穂粒数と粒重に顕著（池田ほか 1984），インディカ型の5品種を使ったダイアレル分析（この分析法については後述）では一穂粒数・穂長・粒重でヘテロシスを検出（Kumar and Saini 1983），といった報告がある．

なおイネばかりでなく，オオムギではやはり一株の穂数と粒重が大（安田ほか 1986），コムギでは単位面積当たりの穂数が大（末永ほか 1986）となる．

このようなイネ・オオムギ・コムギのハイブリッドの収量を支えている要因は，前にあげたトウモロコシ・ソルガム・ナタネ・ヒマワリにも共通したものである．いずれも植物体，とくに花器の中で，形態的には分化しても未発達や退化してしまう部分が，ハイブリッドとなることによって充実できた結果と言いうる．

6. ハイブリッド・イネの現状

イネをハイブリッド化する意味は単収を高めることにあり，このために中国大陸では，積極的にハイブリッド・イネを育種して栽培してきた．中国全土で見ると，1976年には150千haに過ぎなかったのに，1983年には6,750千ha，そしてその翌年から急上昇を続けて17,500千haにまで到達した．1996年にはおよそ13,000千haに作付けされて，ハイブリッドを作付けた場合の単収は5.2t/haを示している．

前にも触れた日本の三井化学が育種したハイブリッド品種MH2003やMH2005の場合は，日本人の好む食味・品質を備えていて，しかも今，実際に栽培されている品種アキヒカリの120％の収量性を示した．

参考文献

荒木均 1992. ハイブリッド品種の育種法. 櫛渕欽也監修, 日本の稲育種－スーパーライスへの挑戦－. 農業技術協会, 東京. 69－79.

Copeland, L.O., and E.E. Hardin 1970. Outcrossing in the ryegrasses (*Lolium spp.*) as determined by fluorescence tests. Crop Sci. 10 : 254－257.

池田良一ほか 1984. 水稲の多収性に関するダイアレル分析 1. F_1の収量と収量関連形質. 育雑 34（別1）: 198－199.

Ikehashi, H. and H. Araki 1987. Screening and genetic analysis of wide compatibility in F_1 hybrids of distant crosses in rice, *Oryza sativa* L. Tech. Bull. Trop. Agric. Res. Cent. 23 : 1－79.

*IRRI and Hunan Hybrid Rice Res. Inst. 1988. Hybrid rice. Proc. Intern. Symp. Hybrid Rice. IRRI, Manila. 305pp.

門脇光一 1993. イネミトコンドリア DNA の構造と機能に関する研究. 育雑 44（別1）: 6－7.

勝尾清・水島宇三郎 1958. イネの細胞質差異に関する研究 I. 栽培稲と野生稲との間の雑種および戻交雑後代の稔性について. 育雑 8 : 1－5.

木戸三夫 1950. 稲作の科學技術. 朝倉書店, 東京. 145－147.

北村英一 1962. 稲遠縁品種間雑種の不稔性に関する研究. 中国農試報告 A8 : 141－205.

Koga, Y. 1986. Present status of hybrid rice breeding in Japan. Proc. Intern. Symp. Hybrid Rice. 287pp.

近藤頼己 1942. 稲の交配に關する温湯浸穗法の研究. 科學 12 : 413－416.

Kumar, I. and S.S. Sainai 1983. Intervarietal heterosis in rice. Genet. Agr. 37 : 287－298.

丸山清明ほか 1990. ハイブリッドライス開発用新雄性不稔「水稲中間母本農12号」. 平成元年度総合農業の新技術. 6－10.

松葉捷也ほか 1986. 一代雑種イネの分げつ力の発育形態的解析. 育雑 36（別1）: 164－165.

生井兵治 1988. 稲の受粉生態とハイブリッド稲の採種. 遺伝 42（5）: 37－43.

Namai, H. and H. Kato 1988. Improving pollination characteristics of Japonica rice. Hybrid rice. IRRI, Manila. 165－173.

岡正明ほか 1995. 高収量と良食味を両立させたハイブリッドライスの育成. 育雑 45（別1）: 213.

Sampus, S. and H.K. Mohanthy 1954. Cytology of semi-sterile rice hybrids. Curr.

Sci. (Bangalore) 23 : 182 – 183.

Shinjyo, C. 1969. Cytoplasmic-genetic male sterility in cultivated rice *Oryza sativa* L. II. The inheritance of male sterility. Jpn. J. Genet. 44 : 149 – 156.

Shinjyo, C. 1975. Genetical studies of cytoplasmic male sterility and fertility restoration in rice. (with Japanese Summary). Sci. Bull. Coll. Agr. Univ. Ryukyus 22 : 1 – 57.

末永一博ほか 1986. 日本コムギ実用品種における一代雑種の収量性並びに収量構成要素. 育雑 36（別2）: 336 – 337.

＊Virmani, S.S. *et al.* 1998. Advances in Hybrid Rice Technology. IRRI, Manila. 443pp.

渡辺好郎ほか 1968. ビルマ稲 Lead Rice の細胞質を有する雄性不稔稲について. 育雑 18（別2）: 77 – 78.

安田昭三ほか 1985. オオムギの雑種強勢に関する研究. I. 東亜の六條品種について. 育雑 35（別2）: 236 – 237.

吉田久・藤巻宏 1985. イネ一代雑種利用のための雄性不稔系・稔性回復系の開発. 4. アキヒカリを共通母本とする F_1 組み合せの収量構成要素からみたスタンダードヘテロシス. 育雑 35（別1）: 98 – 99.

第2章　一代雑種の遺伝学
－ヘテロシスの科学－

　これまでのところで，食料の生産にハイブリッドという品種の形式が，予想以上にさまざまな作物で使われていること，そしてそれぞれの作物でどのような目的でハイブリッドとされているか，どのような遺伝的な特徴をハイブリッドにすることによって利用しているかを記した．しかしハイブリッドが20世紀遺伝学の産物としながら，ヘテロシスの遺伝学についてほとんど触れてこなかった．ここでは，ヘテロシスの遺伝学などをみることとした．

第1節　近代遺伝学の申し子としての一代雑種

　近代遺伝学は，メンデルの法則の再発見をもって始まった．メンデルの法則は，分離・独立の法則のほかに優劣の法則，以上3つの法則から成り立つ．
　岩槻・須原（1999）は1865年発行のメンデルの原著論文を読みやすく訳出し，その解説のところで「…後者の法則（優劣の法則のこと．引用者）を他の2つと並列することを嫌う向きもあり，…」としているが，雑種強勢という現象を取り扱うとすると，むしろ優劣の法則を重視しなければならない．

1. メンデルの法則の再発見

　メンデルの論文は1865年にチェコ，ブルノー自然科学会誌の第4巻に「雑種植物の研究」として公表された．岩槻・須原の訳文から借用すると，メンデルは雑種の第6代までエンドウの種子にシワのある・なしを調べている．そこでは雑種第1代ではすべて「くぼみがあるかあるいは浅い」ものとし，くぼみのあるものを優性とした．メンデルは，エンドウの7つの形質に着目して，その雑種第2代では「一方の親に完全に似ていて，…雑種とその親を明確に

識別でき…」（岩槻・須原訳からの引用），したがってこれを優性と定義づけた．メンデルは，遺伝をつかさどるものを一種の因子と推定して，A, B, C, … a, b, c, …と記号化した．

しかしながらメンデルの時期には，減数分裂という現象は知られていない（減数分裂が明らかになったのは1905年である）から，AA×aaとせずにA×aという表記方法を採った．1905年にファーマーとムアーが減数分裂を明確にしてから，生殖生長の重要な側面であるこの事実を当然のこととして理解して，記号化するとAA×aa，そしてその結果の雑種の第1代はAa，第2代はAA, Aa, aaに分離すると書くようになった．メンデルが3つの法則を発見したころは，減数分裂は知られていなかったため，両親の因子型がAAとaa，雑種の第1代がAaとなるとの考えが持てなかったのも無理もない．

なおメンデルが因子と名付けたものに対して，遺伝子geneと命名したのはJohansen, W.(1909)であった．それからはもっぱら遺伝子といった概念・用語が用いられている．この記号化によって20世紀前半は，まったく遺伝子概念の独壇場であった．先のメンデルの法則に合わない場合でも，遺伝子の数と遺伝子相互の働き合いとしてまとめられ，さらに遺伝子間相互の独立性と非独立性（非独立性は今後は連関とする．以前は連鎖としていた）によって，遺伝子の概念は美しく論理立てられた．

遺伝の実験では，メンデルが用いた実験方法のように，両親系統を決めて交雑して雑種第1代の種子をつくり，その種子を播いて雑種第1代を育て，その第1代の花粉をその雌しべに交雑して雑種第2代の種子を得て育てること，さらに並行して雑種第1代と両親にいずれかと交雑（戻し交雑）して，その種

表2-1-1 Shull, G.H.が1910年に行ったホワイト・デントコーンから育種した自殖系統とそのF_1の収量性（Shull 1952）

交雑形式	組合せ数	粒列数	草丈(cm)	平均の単収（ブッシェル/エーカー）
完全自殖	10	12.6	193	25.6
系統内兄妹交雑	8	13.7	198	28.7
混合交雑	11	16.9	235	63.5
完全F_1	6	15.2	257	71.4
F_1の自殖	11	13.3	233	42.6
F_1との兄妹交雑	11	13.5	231	47.9

子の植物を育てることを基本とする．いずれにしろ，雑種第1代を得ることが事始めになる．

Shull(1952)によると，トウモロコシでは両親となる自殖系統群の草丈の平均値が193cmとその中の兄妹交雑(Sib-cross，同じ自殖系統の異なる個体同士の交雑)でも198cmなのに，その雑種第1代では257cmと軽く両親を超え，草丈の値についてみると，Aa＞AA＞aaということが起こっている(表2-1-1)．さらにその雑種第1代で，草丈ばかりでなく雌穂の大きさ，1株当たりの子実収量などについても，両親のいずれよりも大きい値を示すことを知った．

もとに戻ってメンデルの優劣の法則で，いくつかのあらわれ方があることが整理され，記号化された因子の働き方を図2-1-1のように考えることができる．図にあるように，Aとaの効果を数値として表わすと理解がしやすい．

aaを-1，AAを+1とすると，Aaの値はさまざまで，0，+1，0と+1の間(あるいは0と-1の間)，さらに+1(あるいは-1)を超える，以上の4通りが考えられる．先の2つの例は，不完全優性と完全優性として広く知られていて，定性的な表現といえる．一方，残りの2つの例は，割り切れない連続的な量として取り扱われている．とくに第4番目のものが，本書で一貫してふれるヘテロシスという現象である．もっとも家畜とくに哺乳類では，4番目の例は皆無で，3番目の例であるAaが0からずれている場面でもヘテロシスとし，実際上も大いに役立っていて，乳

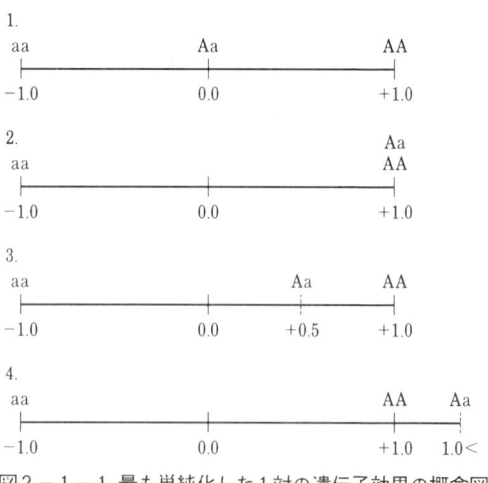

図2-1-1 最も単純化した1対の遺伝子効果の概念図．上から，1：不完全優性，2：完全優性，3：中間親に対する雑種強勢，4：優性親に対する雑種強勢．

牛の泌乳量の例がそれに当たる．別の言い方として，前2者を質的形質，後2者を量的形質ともいう．前の章までにあげてきたヘテロシスというのは，すべて量的形質としての取り扱いになる問題であった．

それでは「雑種となると，両親の値のいずれよりも超える」ことを，われわれはどう見るのか？

2. 雑種強勢の発見

ダーウィン，C.は，雑種強勢という現象を報告しているが，遺伝子概念をもとに実験し整理したわけではない．ではメンデルのエンドウの報告ではどうか？メンデルの論文では，その第7の実験として，エンドウの主茎の長さについての分析をしている．岩槻・須原訳(1999)からそのまま引用すると，

「雑種の茎の長さは，大きい方の親のそれをさらに追い越すのが普通である．これは茎の長さが非常に異なるものを組合わせたときに，植物体のすべての部分がよく繁茂することと同じであると思われる．…1フィート（約30.5cm）と6フィートの長さのものを組合わせた雑種では，例外なく茎の長さが6フィートから7フィート半の間のものが得られた」

として雑種の第1代での結果のみを記し，この事実の意味には関心を示さなかった．雑種第2代で

「…茎の長さ．1,064株の植物のうち，787株が茎が長く，277株が短い茎…両者の比は2.84：1で…」

ほかの実験と同じように3：1になるとした．それぞれの個体の茎の長さを示さずに，定性的に茎の長いのと短いのとに分け，それぞれに分類される株数の比率のみを問題とし，雑種第2代では分離して出てくるであろうAAばかりでなくAaとして表れる強勢な個体を無視した．雑種第1代に現われた茎の長さの大きいことは，遺伝分析にとっては迷惑なことと見たとも思える．

実際に現在では，このような現象を量的な形質として，A_1a_1, A_2a_2, A_3a_3, …とか，A_1a_1, A_2a_2, A_3A_3, …として，いくつもの変型があると理解している．このように表現できるとして，雑種第2代では無数の可能性を期待し，これらをポリジーン（polygene，微働遺伝子）の作用によると考える．もっとも

最近のゲノム分析では，QTL（Quantitative Trait Loci）に支配されているとして，新しい概念のもとに追究もされている．

3. ヘテロシス研究のあけぼの

これまで，両親よりすぐれたものとしての雑種第1代の例を，数多く見てきた．ところが，雑種第1代になぜ強勢があらわれるのか？この遺伝学については，残念ながら「未解決」である．メンデルも事実を指摘しただけで，その重要性に気がついたのは20世紀に入ってからである．やはり交雑して種子が得やすく，しかも強勢が眼を見張るくらいに大きいトウモロコシで，遺伝実験が再三再四できた結果，広く知られるようになった．

数多いそのような論文の中で注目したいのが，先にあげた Shull（1952）であり，さらに Shull は1911年，ヘテロシス（heterosis）という用語を，この現象に使うことを提案した．異型接合性（異なる配偶子の接合の結果であること，heterozygosity）という用語から新しく造られ，以後この語が広く用いられている．なおヘテロに対する反意語はホモで，ヘテロ接合性（異型接合性）に対してホモ接合性（同型接合性，homozygosis）という．遺伝子記号で書くと，ヘテロ接合性は Aa, Bb, Cc, ···，であるし，ホモ接合性は AA, BB, CC, ···（あるいは aa, bb, cc, ···）である．そこでヘテロシスと雑種強勢は同意語と思って頂きたい．そして Shull の提案に先立つこと2年前の1906年，当時の東京帝国大学の蚕学者外山亀太郎が英語で書いた論文で，雑種の強勢を確かめている（Toyama 1906）．さらに外山は，雑種第1代にすれば多くの形質がほとんどヘテロ接合になり，その結果繭の形や大きさが揃って，その後の加工のためにはきわめて好都合であると考えた．そしてさっそく，蚕種製造（蚕の卵の生産）に取り入れるように提案した．1911年には国の原蚕種製造所が設置されて一代雑種の蚕種生産を始め，1914年には民間の業者まで一代雑種の蚕種を製造，販売するようになった．

一代雑種は遺伝子記号で書くと象徴的ともいえる Aa, Bb, Cc, Dd, ···，という遺伝子型の生物で，この因子概念こそ多くの人々が共有している貴重な概念である．

参考文献

メンデル, G.J. 1865.(雑種植物の研究. 1999. 岩槻邦男・須原準平訳, 岩波書店, 東京. 125pp.)

Shull, G.H. 1952. Beginnings of the heterosis concept. Gowen, G.W. ed. "Heterosis". Iowa St. Col. Press, Ames. 14 − 48.

Toyama, K. (外山亀太郎) 1906. Studies on the hybridology of insects. I. On some silk-worm crosses, with special reference to Mendel's law of heredity. Bull. Coll. Agric. Tokyo Imp. Univ. (東京帝國大學農科大學術報告): 7 (2): 259 − 393.

Guignard, L. 1899. Sur les antherozoides et la double copulation sexuelle chez les vegetaux angiosperms. C. R. Acd. Sci. 128.(重複受精)

第2節　終わりなきヘテロシス理論の論争

1. ヘテロ接合であることの意味

　ヘテロシスという現象は，遺伝子が示す効果そのものではなく，対になった遺伝子の間の働き合いによって現われる現象である．つまり，あくまでもある形質について，2つのホモ接合の両親からできた次代がヘテロ接合となることによって，両親のときに見られる形質発現の大きさが，格段と変わってしまっていることを指す．

　ひとつの例としてPowers(1944)をあげる．トマトの両親で成熟に達する果実の数がそれぞれ118個と109個なのに，ヘテロ接合のF_1では183個となって75個も多く，1個の重さは片親の重さよりもすこし軽いが，結果として両親系統の収量が1,364gと1,868gであるのに，ヘテロ接合のF_1では2,876gにもなるという．

　ヘテロシスは，完全にヘテロ接合となったときに見られることとして，いくつかの仮説が成り立つ．その中での主な仮説は2つで，超優性説と優性遺伝子（連鎖）説といわれる．もちろん，核と細胞質との間の相互作用によるヘテロシスの例（Kihara 1979）もあるが，ここではこれら2つの仮説を中心に，研究が辿った跡を調べる．

　振り返ってみると，ヘテロシスと名前を付けたシンポジウムや研究集会は，この60年の間にも何回か開かれ，その度に論文集が発行されている．本書にあげる参考文献で，こうした論文集や総説には*印をつけた．その中で著者が手にすることができた一番古いものは，1950年のアメリカ合衆国のアイオワ州立大学での集会のもので，どうやら大がかりな研究論文集（Gowen ed. 1952）として最初のようである．もっとも，East(1936)が初めてヘテロシスについての解説を書いてはいるが．その後の総説の中でも，ヘテロシスをどのように見るかはその都度整理した報告がある（須藤 1955，Abel 1972, Sinha and Khanna 1975，鈴木・志賀 1976，Mac Key 1976, Janossy and

Lupton 1976, Srivastava 1981, Frankel ed. 1983, 山田 1988, Stuber 1994, Virmani 1994, CIMMYT 1997など). そして, 超優性説と優性遺伝子(連鎖)説の理論上の論争が未決着のままで, 実用上は多くの成果を得ている. が同時に, この2つの説のギャップをいかに埋めるかが残されてきた.

　第二次世界大戦後日本で初めて開かれた国際遺伝学会シンポジウムをきっかけに, 須藤千春がヘテロシスの理論という総説(須藤 1955)を書き, すでにヘテロシスの遺伝学上の概念はほぼ確立されていた. そしてその後, そのときどきの手法による新しい知見が豊富になっても, どんな理由でヘテロ接合になるとよい結果をもたらすのかを, 遺伝学の理論として明確にしたものは今なお見出されていない(山田 1988).

　雑種が種の生存にとって有利であるということは, 生物社会がその種を維持するための一大特徴であったとされた時期があった. そうした有利性を保証するものを真正ヘテロシス(euheterosis)と名付け, 雑種の第1代だけに現われる生理的あるいは形態的なヘテロシスは, 繁茂(luxuriance)として遺伝学上はそれほど重要な意味を持っていない(ドブジャンスキー, Th. 1952)としたが, 農業生産上はこちらの方が大切である.

　トウモロコシ, テンサイさらにイネのようなデンプンの生産や, ヒマワリやナタネのような油分の生産を対象とするエネルギーを供給する作物の場合のように, 生理的あるいは形態的に現われるヘテロシスについての理論的な研究が, 求められるのである.

　しかしこうした形態的あるいは生理的な現象を追究していても, 遺伝学的な背景が明らかになるわけではない. ヘテロシスの科学としてみれば未熟であることを示す. ヘテロシスの科学は一体どのように進んで来たのか, また来ているのかを以下に記す.

2. ヘテロシスはまず胚に現われる

　1930年代にイギリスの遺伝学者Ashby, A.は, トウモロコシを使ってヘテロシスについて大胆な仮説を立てた(Ashby 1930, 1932). その仮説は3つのことから成り立っている. ①雑種の胚は両親のいずれよりも大きい, ②雑種

の生長率は両親のそれと変わりはないが,胚が大きいということがそのまま維持されて,結果として植物体は両親より大きい(生長の複利法則,Blackman 1919),③雑種の光合成能は,両親の光合成能のいずれよりも高い,の以上3点をあげた.Ashbyの仮説は,それまでの報告とは違って,生理学上の特性を対象として観察・測定して,強勢の程度を示したものとして画期的であった.Shull(1908)が,ヘテロシスは「生理的刺激の増大である」と指摘しているが,Ashbyの実験はそれ以前の報告から一歩踏み出したものといえる.

Ashby以降,いくつもの類似の研究が報告された.胚の大きさのヘテロシスについて,1930年代からの60年間の論文をできるだけ探すと15編に及ぶ.Ashbyの仮説のうち,F_1の胚は大きいという結果は必ずしも共通していないが,当時の実験精度が低いために結果に精粗があり,しかも正確な測定となっていない結果と思える.種子の大きさや胚の大きさを論じるのには,実験材料がその実験に適ったものでなければならない.さらに種子の成熟には,雌穂が着く植物体の生育状況が影響するから,同じ植物体の同じ雌穂に着く種子同士で比較する必要がある.

表2-2-1 トウモロコシの自殖系統 CI 64(胚乳色白)の雌穂に,CI 64(胚乳色白)の花粉と別の自殖系統(胚乳色黄)の花粉との混合花粉を受粉し,同一雌穂上に生じた自殖種子とF_1種子との種子重と胚重の差(F_1種子-自殖種子)(Yamada 1985)

雌穂	花粉親							
	P51B		A257		B14		O-143	
	(1)	(2)	(1)	(2)	(1)	(2)	(1)	(2)
1	-4.1**	4.5**	6.6**	2.3**	30.8**	4.1**	26.6**	5.3**
2	2.7ns	5.9**	7.3**	2.5**	40.8**	4.8**	29.0**	5.9**
3	-5.8**	4.8**	3.6**	0.9ns	25.9**	3.4**	17.4**	3.2**
4	-9.5**	2.1**	17.4**	4.0**	17.9**	3.9**	16.2**	4.1**
5	9.8	1.1ns	19.9**	3.9**	32.5**	3.5**	25.4**	6.8**
6	-	-	2.5ns	2.5**	16.1**	4.8**	17.2**	3.7**
7	-	-	21.6**	1.9ns	34.4**	6.4**	27.1**	5.4**
8	-	-	22.2**	7.7**	36.6**	7.0**	20.5**	6.3**
9	-	-	-	-	19.7**	1.3ns	23.1**	6.4**
平均	-0.4	3.7	12.6	3.2	28.3	4.4	22.5	5.2

(1)は種子重,(2)は胚重で単位は mg,雌穂ごとに差の有意性が検定された.
** : 1%水準で有意,ns : 有意でない.

著者も1982年にこうした発想で，あらためて実験した（Yamada 1985, Yamada *et al.* 1987）．胚乳色（粒色）がマーカーとなる遺伝子に注目して，同じ雌穂に生じた自殖の種子と交雑の種子とを区別できるようにし，1個ずつ電子天秤を使ってmg単位で測定した．表2-2-1で整理した結果から到達した結論は，Ashbyの仮説の中で，「ハイブリッドの胚は常に自殖の胚よりも大きい」が，必ず成り立つということであった．しかしこのハイブリッドの胚が大きいことは，ヘテロ接合になった結果の最終産物であって，ヘテロシスの遺伝学上の原因というわけではない．これではヘテロシスがまず胚に現われることを知っただけである．

さらに受精したのちヘテロ接合の胚の発生過程はどうなっているのかを，時期をさかのぼって調べた（Yamada *et al.* 1992）．驚いたことに受粉後144時間の胚の大きさで，すでにヘテロ接合の胚がホモ接合のそれに比べて大きい．受粉後24時間で受精が終わるとされているから，受精後120時間ですでに胚の大きさにヘテロシスがあるということになる．しかしこれも，ヘテロ接合の結果がいかに早い時期から発現するかを示したに過ぎない．

3．生長量・生長率に現われるヘテロシス

Ashbyの研究の延長線上にある考え，それはヘテロシスが植物体の生育に現われる以上，その生育を支配する生理的な機作にも発現するはず，というものである．そのため生長解析といわれる手法によって，いくつかの要因に分解して評価しようとする．前提として，植物の生長は生産された物質つまり乾物の重さ（生体重では水分まで加わるので正確ではない）の増加程度として評価する．そして植物の生産する物質は光合成によることから，乾物重を葉の面積と単位面積当たりの光合成による同化率とに分けて考える（Blackman 1919, Watson 1952）．

さて単純な生育上のヘテロシスは，何といっても草丈と葉の面積（表2-2-2）に現われることは，多く認められていた．その結果はさらに全植物体の大きさ，普通には光合成の結果蓄積される植物体の乾物重で評価することができる．乾物重そのものについては両親の値を超すヘテロシスを現わすのが

表 2-2-2 いくつかの作物において草丈と葉面積に現われる
ヘテロシス (Sinha and Khanna 1975)

作物	形質	P1	P2	F_1 (P1 × P2)	優勢親を超える ヘテロシス (%)
トウモロコシ	草丈[1]	148.2	135.7	181.4	22.4
	葉面積[2]	1,775	1,590	2,948	66.08
ソルガム	草丈	96.2	76.8	126.7	31.7
	葉面積	6,964	10,611	19,249	81.40
リママメ	草丈	116.0	114.4	161.9	41.5
	葉面積	2,585	2,323	3,510	35.78

注:1) の単位は cm,2) の単位は cm^2/植物体.

普通である.しかし,乾物重は葉面積と単位面積当たりの光合成率(Net Assimilation Rate,NAR)の積で表わされ,乾物重の増加は相対的な生長率(Relative Growth Rate,RGR)として捉えられる.この RGR にはヘテロシスは現われず(Ashby 1937),むしろ光合成率で中間親よりも大となるのみである(Nehsberger 1970).このように,NAR,RGR それに LAI(Leaf Area Index,光合成をしている葉面積の率)という生理的形質については,乾物重という植物生産で求めるようなヘテロシスを示すことはなかったと,結論されている(Sinha and Khanna 1975).さらに上記の NAR にしろ,RGR にしても,光合成を制御しているのは個々の葉の光合成能である.それでは単位面積当たりの光合成能にヘテロシスは発現するのだろうか?しかし対象とする部位によってさまざまな結果となっていて,一致した見解は見出されていない(Sinha and Khanna 1975).

Ashby の考えは先進資本主義国イギリスの経済活動の資本と利子,さらに資本の再生産に模したと見られる(石原邦の私信による).ところが,粒質についてデント型とポップ型の自殖系統を選び,正逆交雑によって子実と胚の生長を追跡したが,子実の生長率についてはヘテロシスはないようである(Groszmann and Sprague 1948).

4. 酵素活性に現われるヘテロシス

やがてヘテロシスを理解するための研究対象は，生物それも細胞に準拠した酵素活性や生長物質（植物ホルモン）といった生化学物質に移っていった．

合衆国の Hageman et al. (1967) は，トウモロコシの発芽とそれに費やされる胚乳の使用量，そしてその後の生育量と生長に必要な資源を利用するために中心的に作用する3種類の酵素，トリオース・リン酸脱水素酵素（以後 TPD と略．以下同じ），アルデヒドリアーゼ（ALD），それにグルコース・6・リン酸脱水素酵素（G6PD）の活性について，2組合わせの F_1 を用いて実験している．

すると TPD にはヘテロシスを認められたが，ALD にはない．さらに幼植物を通気条件と通気を抑えた条件においた場合には，親系統である4自殖系統の遺伝的な背景の違いの方がはっきりと現われた．したがって，幼植物という生育の初めの段階を制御する主要な代謝過程に，ヘテロシスはなかったということになる．

さらに Hageman たちは，トウモロコシの子実の生産性に大きく影響している栄養素のひとつである窒素成分の代謝過程に重要な働きを果たす硝酸還元酵素（Nitrate Reductase，以下 NR と略）の活性に着目して，発芽・幼植物期以後の生長，6月下旬から8月下旬にかけて追跡した（図2－2－1）．用いた F_1 の組合わせは，NR について高×高，低×低，高×低を選んだ．結果はやはり高×高に両親系統の値を超えるものはなく，高×低でその両親の平均値を超えるものが7例中1つ，ところが低×低では，組合わせによっては NR の活性について，両親のいずれよりも高いヘテロシスを示した．B14×Oh43 と Hy2×B14 がそれであるが，しかし低×低であるからといって必ずしも同じ結果になるとは限らない．やはり収量性に現われるヘテロシスを，NR 活性のそれと関連付ける訳にはいかなかった．結局 NR 活性に現われるであろうヘテロシスで，ハイブリッド・コーンの収量性を予測することも意図したが成功しなかった．トウモロコシの植物体の生育には，生長と同時に一方では老化が進むという複雑さ（生物は複雑系そのものであるからと，一言で片付けるこ

ともできる)があるとも思える．

　一方，葉身・葉鞘にあって光合成をするクロロプラストの活性についても，ヘテロシスの現われ方について研究が進められていた．クロロプラストで行われる光合成の効率を知るのに一番単純なのは，循環型の光リン酸化の効率を調べることであった．明らかにトウモロコシの自殖系統の間には，高いものと低いものとがあった．興味あることに，NR活性が低かったWF9はやはりこの効率も低く，NR活性が高かったR151はこの効率は中程度であった．そしてハイブリッドにしたときの光リン酸化の効率も，NRの活性同様，ヘテロシスは見られなかった．

　Hageman *et al.* (1967)はこれら一連の研究結果から，生理的な活性や生化学的な酵素の活性による代謝過程について，こうした活性は遺伝的に多様で

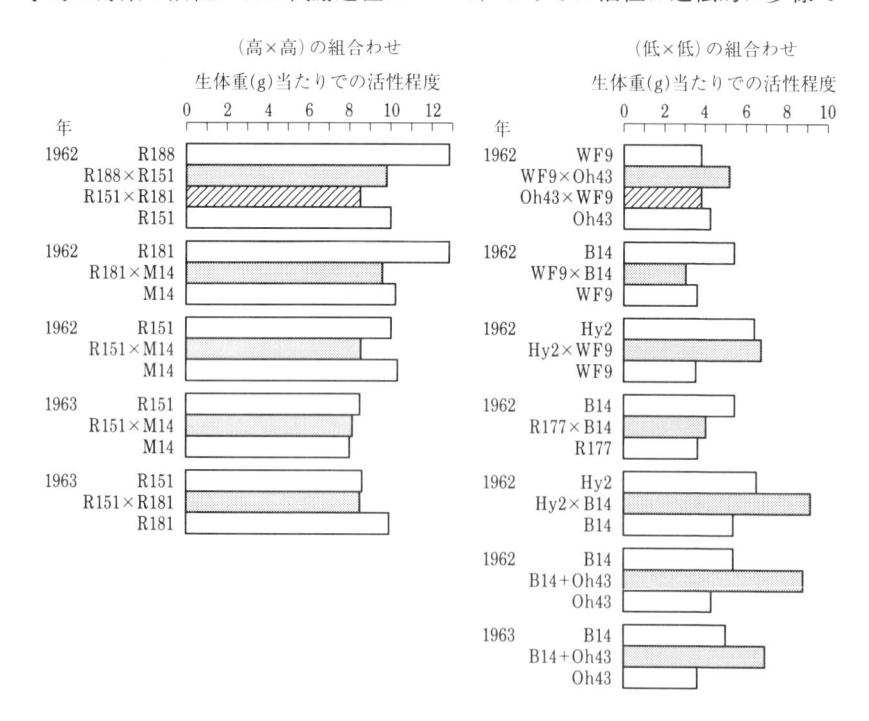

図2-2-1　トウモロコシの自殖系統とその間のF_1が示す硝酸還元酵素（NR）の活性
(Hageman *et al.* 1967)
図中の高と低は，NRの活性について高い自殖系統と低い自殖系統の意味．

あって一筋縄ではいかず，むしろ定性的な酵素の特徴をつかまえる方が理解がしやすいであろうとした．

5. 雑種酵素とは

Hageman et al. (1967) の指摘は，別のグループによって報告されている．ここで取りあげる雑種酵素の概念がそれで，酵素の活性でなく，酵素自体の構成を問題にした．

トウモロコシの種子と幼植物に含まれる酵素エステラーゼについて，Schwartz (1960) はまず3種類，F, N, Sを見つけだし，これをホモ接合の状態で持つ両親系統同士の F_1 では，いずれの種類のエステラーゼも持つことから，それを雑種酵素 (hybrid enzyme) と名付けた．そして F_1 の泳動像は，両親の泳動像のちょうど中間に位置した (図2-2-2)．両親である自殖系統のエステラーゼが単量体 (monomer) という基本となる分子構成であるのに対して，F_1 から得られる雑種酵素は両者の分子が重合した二量体 (dimer) になっていた．

さらにSchwartz (1964) によると，これらの雑種エステラーゼの活性は，単量体である両親のエステラーゼの活性よりも高かった．その後引き続いて，Schwartz et al. (1965) は，雑種酵素は遺伝子 *E1* がヘテロ接合である植物でのみ見出され，別々の遺伝子座がヘテロになったからといって，発現するものではないとしている．このような研究は，ニワトリやアカパンカビにもある．

こうした雑種酵素の存在が確かめられたことから，さら

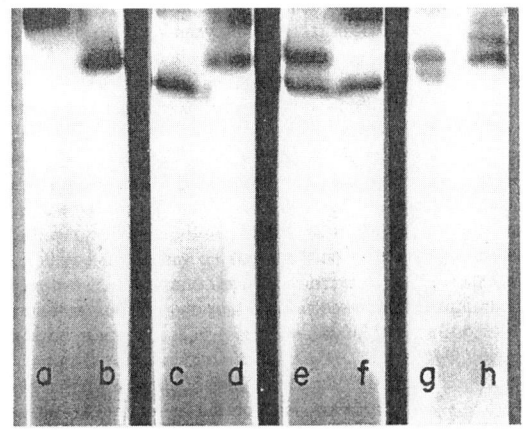

図2-2-2 トウモロコシの胚乳抽出物に含まれるエステラーゼを電気泳動で展開した結果 (Schwartz 1960)
左からa, b, cの順で親の胚乳の場合．d : a+b, e : b+c, f : a+c, g : b×c, h : a×cである．eとg, fとhを対応させてみてほしい．

に一歩踏み込んで細胞の呼吸などの生理的活性に現われるヘテロシスが，Sarkissianのグループによって報告されている．1960年頃まで頻繁に使われた大物の自殖系統WF9とC103，それにその間のF_1について，両親それぞれの幼植物や胚盤からミトコンドリアを取り出して1：1に混ぜ，F_1からも同じようにミトコンドリアを取り出して，呼吸などの生理的活性を調べた．その結果，自殖系統が示すミトコンドリアの活性に比べて，WF9＋C103（つまり混合した場合）とWF9×C103とはいずれも両親自殖系統よりもミトコンドリアの活性が大で，しかも混合した場合とF_1の場合で同じ反応であった．しかし来歴が近いトウモロコシの自殖系統とF_1では，ヘテロシスは認められなかった（Sarkissian and Mac Daniel 1967, Sarkissian and Srivastava 1967）．

こうしたことから，ミトコンドリアに焦点を当てた研究がその後報告され，Srivastava（1981）は，この現象をミトコンドリアの相補性（後でまた触れる）として，ヘテロシスの生化学的な発現の証拠とした．

6．生長物質がヘテロシスを制御する

高等植物が生育に必要な物質として，N・P・Kの3要素，Mo・Bといった微量要素，植物ホルモンがある．カナダのPharisのグループの共同研究者Rood *et al.*（1983a, 1983b）は，トウモロコシの幼植物を使った生長物質の働きから，ヘテロシスの現象を解き明かそうとした．もちろん生長物質に注目したいくつかの報告があり，2,4-Dやカイネチン，アブシジン酸，ジベレリンのような生長物質についての報告もある．

Roodたちはトウモロコシの幼植物について，生長物質の産生量を自殖系統CM7とCM49，そのF_1で比較し，幼植物の生長量も調べた．また外部から生長物質を与えた場合ついても，同じ実験材料でヘテロシスの現われ方を調べた．実験は人工気象室と自然条件とで，草丈・節間長・一株子実収量を対象とした．調べた結果，F_1の値は常に高く，発芽後28日目まで，幼植物の生長点に含まれるジベレリン様物質も，常にF_1が多かったが，アブシジン酸についてはF_1だからといって高い値を示すことはなかった．次にRood *et al.*（1983a, 1983b）は，ジベレリン様物質がヘテロシスの果たす役割の重要さを

指摘した．そして人為的に外部からジベレリンのひとつ，GA_{20} も，上に述べた内生性のジベレリン物質と同様であると確かめている．残念ながら，遺伝子的な背景については言及していない．

7. 計量遺伝学の示すもの

メンデルの法則の再発見の後，メンデルの第7実験であるエンドウの主茎長のように定性的に取り扱うのが無理な形質，たとえばトウモロコシの葉の大きさ，イネの籾収量，カボチャの果実の大きさ，リンゴの大きさ，乳牛の産乳量，ブタの産児数，コムギのグルテン量，テンサイの含糖率などなど，農業生産の主要な生産対象となる形質は，みんな定量的なものである．いやむしろ，ほとんどの形質が定量的であるのにも関わらず，便宜上定性的なものとして扱ってきた．19世紀の後半から大いに発展した統計学と，このような量的形質の遺伝学とが結びついて統計遺伝学となり，マザー，K.（Matherと綴ることからメーサー，K.ともされている）の著書「統計遺伝学」は，名著として世界中に翻訳された．

マザーによると，こうした量的形質もその遺伝的背景は単純な因子の集積によるとして，取り扱うことができる．つまり，A_1a_1, A_2a_2, A_3a_3, $\cdots$, A_na_n と多くの遺伝子が働いているとして，それぞれの特性を評価すること，それぞれの遺伝子の効果を評価することを導入した．こうした遺伝子は微働遺伝子（polygene）と名付けられ，統計遺伝学という分野が確立された．そしてヘテロシスが発現する形質は，まさに量的形質であった．たとえばトウモロコシの子実収量に現われるヘテロシスは，主に一穂粒数に支配される．その一穂粒数が多くなるには，遺伝的に不安定な一列粒数という特性に雑種になった効果が現われるからである．こうした経験から，ヘテロシスの現われ方にいくつもの遺伝分析の方法が提案された．

統計遺伝学の手法で共通しているのは，両親系統の P_1, P_2 とその F_1 が示す対象とした形質のそれぞれの値について，平均と分散という統計量を使って相対的に評価する．両親系統と F_1 の値はそれぞれ，

第2章 一代雑種の遺伝学－ヘテロシスの科学－

$P_1 = m + D_1 + D_1 \times e, P_2 = m + D_2 + D_2 \times e, F_1 = m + h + h \times e,$
ここで $m = 1/2(P_1 + P_2), h = F_1 - 1/2(P_1 + P_2)$

とするのが基本で，Dはすべての遺伝子の相加的効果，hはすべてのヘテロ接合の優性効果，eはその値に与える環境の効果としている．

もちろん遺伝子の数はひとつではないから，こういった数値は関与するすべての遺伝子の効果が関わって，したがって平均値と分散値を持つ．

(1) ダイアレル分析

この分析には，条件が付けられている．2倍性の遺伝，正逆交雑で差がない（＝細胞質効果がない），対立関係にない遺伝子同士は相互に独立，親の遺伝子型は完全ホモ，ということだが，実務上いくつかは無視している．そして得られた測定数値について，親の分散値としての V_p，それぞれの親を共通に持つ後代の分散値としての V_r，親を共通に持つ後代と共通していない親との共分散値としての W_r（こうした分散値の意味は，ここでは省略）などを算出し，そしてさらに分散値同士の平均値も計算する．

この分析によって，遺伝成分である優性度，親の優性順序，優性遺伝子の割合などが知られる．さらに図2－2－3のように W_r，V_p と V_r を使ったグラフを描き，それぞれの親の値の分布する位置から，分析に用いた親系統の特徴を示すことができる．破線から下に分布するものは優性遺伝子を多く持ち，点Cから右に離れれば離れるほどヘテロシスを示す．さらに詳しい分析方法については成書（たとえば中山1985）にゆずる．

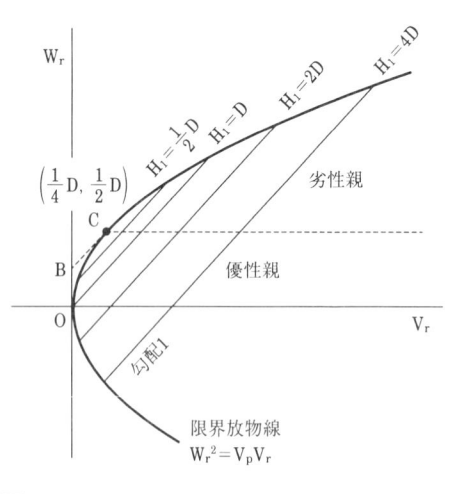

図2－2－3 ダイアレル分析の結果を統計量，V_p, V_r, W_r で示し，それらの統計値の相互関係をグラフ化したもの（鵜飼 1974 から引用改写）
Dは遺伝子の相加的効果，Hは遺伝子の優性効果を示す．

表2-2-3 組合わせ能力検定のための交雑方法とその特徴（山田 1987）

名称	交雑方法	長所
トップ交雑	少数の種子親系統を決め，これに対して多数の花粉親系統を交雑する．またはその逆．	種子親系統にエリート系統を用いた場合，花粉親系統の中からS.C.A.の高い系統を容易に選抜できる．またはその逆．
ダイアレル交雑	対象とする全系統間の交雑を行う．正逆の交雑を含む場合と含まない片ダイアレルとがある．	目的とする形質に関して供試全系統の遺伝が明確になり，個々の系統のG.C.A.,S.C.A.が，供試した全系統の範囲では，完全に決定される．
デザインⅠ	トップ交雑に似るが，種子親系統と花粉親系統とが自由に選べる．	花粉親系統が起原した集団の遺伝情報が十分得られ，とくに種子親系統のS.C.A.が検出されやすい．
デザインⅡ	全系統を種子親群と花粉親群とに分け，その間の全交雑をする．	種子親系統・花粉親系統の個々のG.C.A.,S.C.A.が評価でき，しかも遺伝情報についてはダイアレル分析に近い結果が得られる．

注：表中のG.C.A.とS.C.A.は，それぞれ一般および特殊組合わせ能力の意味である．

（2）ノースカロライナ・グループのデザインⅠ，Ⅱ

　この方法では，デザインⅠが第1章第5節でイネの例としてあげたトップ交雑に近く，表2-2-3では種子親を1系統に決めればまさにトップ交雑である．またデザインⅡは種子親数と花粉親数とを同じにすれば，ダイアレル分析となる．とくにデザインⅡは，ダイアレル分析によく似ているので供試する系統の数がダイアレル分析の6割強で，すべての系統の遺伝情報を得ることができる．確かにこのような統計遺伝学の遺伝分析によって，ヘテロシスを超優性として理解するわけにはいかない例が多いため，Sprague(1983)は「相加的および優性効果の累積が，ヘテロシスを理解するのに十分なモデル」と結論付けている．

8. ミトコンドリアでの相補性

　Srivastava(1981)はミトコンドリアの相補性に注目したとした．酵素活性に現われるミトコンドリアの相補性とは何を指し，ヘテロシスの遺伝学が一歩でも進んだのか．

　一般に細胞内の基礎代謝は，細胞小器官の中でもミトコンドリアが主役を

果たしている．Mac Daniel and Sarkissian (1968) は，トウモロコシの自殖系統とその間の F_1 の幼植物を使って，そのミトコンドリアの活性を α-ケトグルタル酸を基質（作用を受けて反応する物質）とする場合の酸素の吸収，RC比（呼吸効率を示す），ADP：O比（ADPの作用効率を示す）の3点について調べた．自殖系統と F_1 では，F_1 のそれが常に高い結果を得，ミトコンドリアの生理的な活性にもヘテロシスを認めた．さらに2つの自殖系統のミトコンドリアを混合して，3つの生理的活性を調べたところ，RC比とADP：O比についてはF₁と同じ活性の程度を示した．

しかしSen (1981) が，トウモロコシばかりでなくコムギ・オオムギの両親系統と F_1 を材料として，十分よく管理された実験条件のもとで詳しく調べたところ，酸素の吸収，RC比，ADP：O比のいずれについても，F_1 にヘテロシスはなく，ミトコンドリアの混合による相補性も認められなかった．結局肯定と否定とが半々で，たとえばVan Gelder and Miedema (1975) は，ミトコンドリアでとくに相補性は認めなかった．

9．半数体なのにヘテロシスが現われる

これまでに記したように，ヘテロシスという現象をいろいろな接近法で解明しようとしてきた．そしてそれぞれ，ハイブリッド品種の育種にとっては有効な研究で，ある程度の指針にはなった．たとえばトウモロコシの両親自殖系統の育種と選定では，ダイアレル分析によって一般組合わせ能力を調べ，その能力が高い自殖系統の中でさらに特殊組合わせ能力について選んだ．

しかしそれでは，いったいヘテロシスの遺伝学，あるいは対となった遺伝子の効果のあり様はどうなっているのかを，最初にあげた超優性説と優性遺伝子（連鎖）説のどちらを基礎に考えたらよいのか，これまでの報告では回答を与えてくれない．

ヘテロシスというのは，ヘテロ接合の状態のときに現われる現象である．図2-2-4のように模式的に書くとするなら，Aとa, Bとb, Cとc, …, Yとy, Zとzという組で考える超優性説と，A, B, C, …, Y, Zと優性遺伝子の集まった結果として考える優性遺伝子（連鎖）説と整理できる．前者はヘテ

ロ接合の場面でしか知ることはできないが，後者は対になる染色体の一方が欠けている状態でも存在し得る．

とくに当初の共同研究者（というよりも著者の指導者）である村上寛一と著者は，この後者の状態，つまり優性遺伝子が集まって連なる状態は，半数体でも発現するヘテロシスと見た．したがって，花粉のような半数体で何らかの強勢が現われるならば，優性遺伝子（連鎖）説が妥当であると考えた．

著者は花粉管の生長に注目して，ハイブリッドである F_1 に由来する花粉が，両親系統に由来する花粉に比べて生長が速く，より多く受精にあずかると推論した（山田 1982）．

結果はまさに予想した通りであった．まず F_1 の花粉と自殖系統の花粉とを等量に混ぜて受粉したのだから，F_1 の花粉の受精結果は50％が期待された．F_1 の花粉の受精率が90％以上で，組合わせによっては99％にもおよんでいた（村上ほか 1972）．つまり，F_1 に由来する花粉が，自殖系統の花粉との受精競争にヘテロシスが現われた．

さらにこうした受精競争では，受精率をゆがめる遺伝子が存在することが知られていることから，その遺伝子が存在してもこのヘテロシスが発現することをも確かめた．

著者たちは「これこそ優性遺伝子（連鎖）説の証明…」としたが，よくよく考えてみると「F_1 の個体に生じた花粉は，受精した結果として F_2 個体を生み出す雄側の遺伝子，それもあらゆる遺伝子の構成が可能な花粉の集合体で，

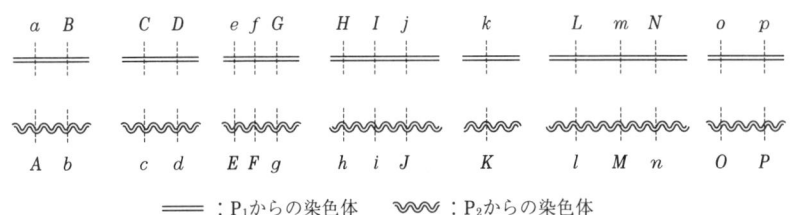

〓〓〓：P_1 からの染色体　〰〰〰：P_2 からの染色体

図2-2-4　ハイブリッドの遺伝子型の模式図

すべての遺伝子座がヘテロ接合となる．超優性説では，$Aa, Bb, Cc, \cdots, Pp$ でそれぞれでヘテロ接合であることから優性遺伝子の効果を超えるとする．優性遺伝子（連鎖）説では，$A, B, C, \cdots, P$ とすべての優性遺伝子の効果が累積するからとしている．

優性遺伝子のみを集めた花粉が受精したとの証拠ではない．どの優性遺伝子群を持った花粉が受精したのかが決められない限り，優性遺伝子（連鎖）説を証明したことにはならない」ので，未決着として現在に至っている．

似たような研究方向の実験として，トウモロコシの8個の酵素に関する遺伝子をマーカーとし，これら遺伝子座の接合性，ヘテロ接合かホモ接合か，と雌穂の長さなど11の量的形質との間の関係を調べたKahler and Wehrhahn（1986）の報告がある（図2-2-5）．それによると，ヘテロ接合の遺伝子座の数が増えるのにしたがって，量的形質である子実収量・雌穂長・穂軸径の値が増加し，優性遺伝子の数が増えればそれだけ量的形質の値も増加することを示していて，優性遺伝子（連鎖）説を支持する結果と見ることができる．

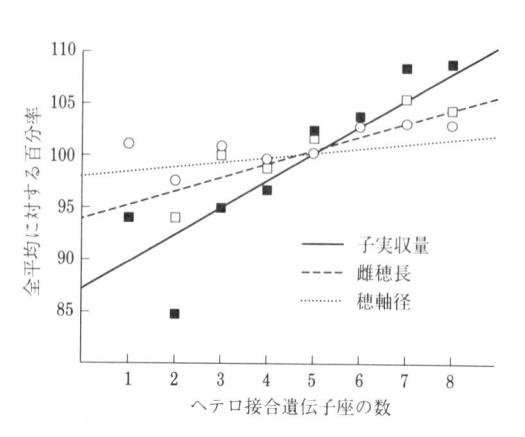

図2-2-5 トウモロコシのWF9×Pa405のF_2集団で，マーカー遺伝子についてのヘテロ接合の数と，雌穂長（□），子実収量（■），穂軸径（○）との関係（Kahler and Wehrhahn 1986）

10．ゲノム研究の周辺から

20世紀末の10年間の遺伝学では，ヒト・ゲノム，イネ・ゲノム，アラビドプシス・ゲノムのニュースにこと欠かない．ゲノム研究を進めていく過程で，遺伝子を理解するのに役立つ研究がいくつか現われた．しかしこれまでのヘテロシスに関する研究報告は，遺伝子間の働き合いを調べる研究方法の難しさから，見当たらない（2004年3月末現在）．

いくつもある報告はヘテロシスそのものではない．たとえばBiradahl and Reyburn（1993）は，トウモロコシの細胞核に含まれるDNAの含有量とヘテロシスの関係をF_1 25組合わせについて調べ，類縁関係が遠い両親ほどDNA

の並び方(シークエンス)に関連性が薄いとした.Lanza et al.(1997)は,トウモロコシの自殖系統の間に見られる遺伝的な遠縁の程度とハイブリッドとしたときの生育量を,RAPD(DNA解析法のひとつで,10塩基対程度のDNA断片を使って,同じか類似のDNAのパターンを知ろうとする方法で,系統の識別分類に使われている)で検出されるマーカーを使って予測した.またRFLP(特定の場所でDNAの鎖を識別をして切る制限酵素で処理すると,DNA断片の長さがさまざまとなった多型性を知ることができる)を遺伝子の代わりのマーカーとしたDilmann et al.(1997)の研究は,フランスのトウモロコシの145の自殖系統同士の遺伝的な距離を知ろうとし,RFLPが有用であった.しかしBernard(1997)によれば,トウモロコシのRFLP分析による祖先型の共有係数と,実際の栽培試験による両親系統とF_1の収量性を知る独自の推定法(不偏最良推定式による)との間で,必ずしも一致しなかった.

また Enoki et al.(2002)は,60個のSSRマーカー(縦列反復塩基配列が2〜4程度の検出しやすい断片部分は,配列の特定部分を示すマーカーともなるので,SSR(simple sequence repeatの略)マーカーとして,遺伝系統の区別や識別をするのに使われる)でトウモロコシ自殖系統の近縁度を調べた結果,同じアメリカ・デント型のなかでもLancaster系列とBSSS系列とでは明らかに近縁度が低く,アメリカ・デント型同士の組合わせでも強勢が大きくなることの理由であることを明らかにした.

以上の研究はいずれもハイブリッド育種の手助けになる情報を提供するものであった.ゲノム解析を拠りどころとしたこのような新しいテクニックによって,遺伝子の動き,遺伝子の働き程度,遺伝子そのものの作用が理解されることになり,ヘテロシスの理論が解決されるように進むことを望みたい.

参考文献

*Abel, W.O. 1972. Heterosis. Z. Pflanzenzüchtg. 67 : 45 − 52.

Ashby, A. 1930. Studies in the inheritance of physiological characters. I. A physiological investigation of the nature of hybrid vigour in maize. Ann. Bot. 44 : 457 − 469.

Ashby, A. 1932. Studies in the inheritance of physiological characters. II. Further experiments upon the basis of hybrid vigour and upon the inheritance of efficiency index and respiration rate in maize. *Ibid* 46 : 1007 – 1032.

Ashby, A. 1936. Hybrid vigour in maize. Amer. Nat. 70 : 179 – 181.

Ashby, A. 1937. Studies in the inheritance of physiological characters. III. Hybrid vigour in the tomato. Pt. I. Manifestation of hybrid vigour from germination to the onset of the flowering. Ann. Bot. (New Series) 1 : 22 – 42.

Bernard, R. 1997. RFLP markers and predicted testcross performance of maize sister inbreds. TAG 95 : 655 – 659.

Biradahl, D.P. and A.L. Reyburn 1993. Heterosis and nuclear DNA content in maize. Heredity 71 : 300 – 304.

Blackman, V.H. 1919. The compound interest law and plant growth. Ann. Bot. 33 : 353 – 360.

*CIMMYT 1997. The Genetics and Exploitation of Heterosis in Crops. CIMMYT, Mexico City. 354pp.

Crow, J.F. 1948. Alternative hypotheses of hybrid vigor. Genetics 33 : 477 – 487.

Dilmann, C. *et al.* 1997. Comparison of RFLP and morphological distances between maize (*Zea mays* L.) inbred lines. Consequences for germplasm protection purposes. TAG 95 : 92 – 102.

ドブジャンスキー, Th. 1951.(遺伝学と種の起源. 1952. 駒井卓・高橋隆平訳, 培風館, 東京. 348pp)

Donaldson, C. and G.E. Blackman 1973. A further analysis of hybrid vigour in *Zea mays* during the vegetative phase. Ann. Bot. 37 : 905 – 917.

East, E.M. 1936. Heterosis. Genetics 21 : 375 – 397.

East, E.M. and H.K. Immer 1912. Heterosis in evolution and plant breeding. USDA Bull. 243 : 1 – 58.

Enoki, H. *et al.* 2002. SSR analysis of genetic diversity among maize inbred lines adopted to cold region of Japan. TAG 104 : 1270 – 1277.

*Frankel, R. ed. 1983. Heterosis, Reappraisal of Theory and Practice. Springer-Verlag, Berlin. 290pp.

*Gowen, J.D. ed. 1952. Heterosis. A Record of Research Directed forward Explaining and Utilizing the Vigor of Hybrids. Iowa State Col. Press. Iowa. 552pp.

Groszmann, A. and G.F. Sprague 1948. Comparative growth rates in a reciprocal maize cross : 1. The kernel and its component parts. J. Amer. Soc. Agron. 40 : 88 –

98.

Hageman, R.H. *et al.* 1967. A biochemical approach to corn breeding. Ad. Agron. 19 : 45 − 86.

*Janossy, A. and F.G.H. Lupton ed. 1976. Heterosis in Plant Breeding. Proc. 7th Cong. EUCARPIA, Elsevier Sci. Pub. Co. Amsterdam. 366pp.

Kahler, A.L. and C.F. Wehrhahn 1986. Association between quantitative traits and enzyme loci in the F_2 population of a maize hybrid. TAG 72 : 15 − 26.

Keeble, F. and C. Pellew 1920. The mode of inheritance of stature and of time of flowering in peas (*Pisum sativum*). J. Genetics 1 : 47 − 56.

Kihara, K. 1979. Nucleo-cytoplasmic hybrids and nucleo-cytoplasmic heterosis. Seiken-ziho 27-28 : 1 − 13.

Lanza, L.L.B. *et al.* 1997. Genetic distance of inbred lines and prediction of maize single-cross performance using RAPD markers. TAG 94 : 1023 − 1030.

Loseva, Z. *et al.* 1984.（Mitochondrial heterosis and complementation in corn.）（Agric. Biol.）1984（8）: 68 − 70.（in Russian with English Sum.）

Mac Daniel, R.G. and I.V. Sarkissian 1966. Heterosis : complementation by mitochondria. Science 152 : 1640 − 1642.

Mac Daniel, R.G. and I.V. Sarkissian 1968. Mitochondrial heterosis in maize. Genetics 59 : 465 − 475.

*Mac Key, J. 1976. Genetic and evolutionary principles of heterosis. Proc. 7th Cong. EUCARPIA, Elsevier Sci. Pub. Co. Amsterdam-Oxford-New York. 17 − 33.

マザー, K. 1949.（統計遺伝学. 1959. 木原均ほか訳, 岩波書店, 東京. 280pp.）

メンデル, G.J. 1865.（雑種植物の研究. 1999. 岩槻邦男・須原準平訳, 岩波書店, 東京. 125pp.）

Miahra, S.P. *et al.* 1981. Genetic analysis of nitrate reductase activity in relation to yield heterosis in sorghum. Z. Pflanzenzüchtg. 86 : 11 − 19.

中山林三郎 1985. ダイアレルクロスとそのデータの解析（1）−（5）. 農業技術 40 : 352 − 356, 398 − 402, 448 − 451, 493 − 496, 538 − 541.

Powers, L. 1944. An expansion of Jone's theory for explanation of heterosis. Amer. Nat. 78 : 275 − 280.

Rood, S.B. 1986. Heterosis and the metabolism of [^{3}H] gibberellin A1 in maize. Can. J. Bot. 64 : 2160 − 2164.

Rood, S.B. *et al.* 1983a. Gibberellins and heterosis in maize. I. Endogenous gibberellin-like substances. Plant Physiol. 71 : 639 − 644.

Rood, S.B. *et al.* 1983b. Gibberellins and heterosis in maize. II. Response to gibberellic acid and metabolism of [^{3}H] gibberellin A_{20}. *Ibid* 71 : 645 – 651.

Sarkissian, I. V. 1972. Mitochondrial polymorphism and heterosis. Z. Pflanzenzüchtg. 67 : 53 – 64.

Sarkissian, I.V. and R.G. Mac Daniel 1967. Mitochondrial polymorphism in maize. I. Putative evidence for de novo origin of hybrid-specific mitochondria. Proc. N.A.S. 57 : 1262 – 1266.

Sarkissian, I.V. and H.K. Srivastava 1967. Mitochondrial polymorphism in maize. II. Further evidence of correlation of mitochondria complementation and heterosis. Genetics 51 : 843 – 850.

Sarkissian, I.V. 1971. Mitochondrial polymorphism in maize. III. Heterosis, complementation and spectral properties of purified cytochrome oxidase of wheat. Biochem. Genet. 5 : 57 – 63.

Schwartz, D. 1960. Genetic studies on mutant enzymes in maize : synthesis of hybrid enzymes by heterozygotes. Proc. N.A.S. 46 : 1210 – 1215.

Schwartz, D. 1964. Genetic studies on mutant enzymes in maize V. In vitro Interconversion of allelic isozymes. *Ibid* 52 : 222 – 226.

Schwartz, D. 1965. Genetic studies on mutant enzymes in maize VI. Elimination of allelic isozyme variation by glyceraldehydes treatment. Genetics 52 : 1295 – 1302.

Schwartz, D. 1973. Single gene heterosis for alcohol dehydrogenase in maize : The nature of subunit interaction. TAG 43 : 117 – 120.

Schwartz, D. and W.J. Laughner 1964. A molecular basis for heterosis. Science 166 : 626 – 627.

Sen, D. 1981. An evaluation of mitochondrial heterosis and in vitro mitochondrial complementation in wheat, barley and maize. TAG 59 : 153 – 160.

*Sinha, S.K. and R. Khanna 1975. Physiological, biochemical, and genetic basis of heterosis. Adv. Agron. 27 : 123 – 174.

Sprague, G.F. 1983. Heterosis in maize : Theory and practice. Frankel, R. ed. "Heterosis, Reappraisal of Theory and Practice", Springer-Verlag, Berlin. 47 – 70.

*Srivastava, H.K. 1981. Intergenomic interaction, heterosis and genetic basis of heterosis. Ad. Agron. 34 : 117 – 195.

*Stuber, C.W. 1994. Heterosis in plant breeding. Plant Breeding Rev. 12 : 227 – 251.

*鈴木茂・志賀敏夫 1976. 雑種強勢. 高橋隆平編, 植物遺伝学 III. 3. 裳華房, 東京.

322 - 368.

*須藤千春 1955. ヘテローシスの理論. 生物科学 7（別冊特集号「遺伝学の問題点」）: 17 - 23.

Van Gelder, W. M. J. and P. Miedema 1975. Significance of mitochondrial complementation for plant breeding : Negative evidence from a study on maize. Euphytica 24 : 421 - 429.

*Virmani, S.S. 1994. Heterosis and Hybrid Breeding. Springer-Verlag, Berlin. 189pp.

Watson, D.J. 1952. The physiological basis of variation in yield. Ad. Agron. 4 : 101 - 145.

山田実 1982. トウモロコシの F_1 個体の花粉が示す選択受精上の有利性に関する育種的意義. 農技研報 D33 : 63 - 113.

Yamada, M. 1985. Heterosis in embryo of maize, *Zea mays* L. Bull. Natl. Inst. Agrobiol.（農生資研研報）1 : 85 - 98.

*山田実 1988. 作物の一代雑種利用とヘテローシスの理論. 第7回基礎育種学シンポ. 3 - 12.

山田実 1992. トウモロコシの F_1 個体の花粉が示す選択受精上の有利性. 育雑 42（別1）: 2 - 5.

Yamada, M. *et al.* 1987. Reappraisal of Ashby's hypothesis on heterosis of physiological traits in maize, *Zea mays*. Euphytica 34 : 593 - 598.

Yamada, M. *et al.* 1992. Heterosis in plants starts immediately after fertilization. E. Ottaviano *et al.* ed. "Angiosperm Pollen and Ovules" Springer-Verlag, New York. 426 - 428.

第3節 トライアル・アンド・エラーの実際

前の節で,ヘテロシスの遺伝学はいまだ主要な2つの仮説の間で,右往左往しているとした.つまり決定的な生物学上の手法にしたがって仮説が検証されていない.

したがってハイブリッドにするそれぞれの親系統が持っている従来からの情報によって,組合わせる両親を選んでいる.それにしても,ずいぶん非科学的な「勘」の世界ではないのかと思う.しかし一人の優れた育種家の「勘」というものは,普通に集積されているコンピュータのデータと計算能力をかなり超えている.それにしても何とかならないかと思う.次善の策というものがありそうなので,それをここで触れる.

1. 八方美人でまず選抜

一代雑種に組合わせる親系統の選び方には,これに似たことがある.「八方美人で,しかもその中で跳び抜け相性の良い相手を選ぶ」ことが必要で,その方法をうち立てるために先人たちは,不断の努力が必要だった.

フランスは,ヨーロッパの中ではアメリカに負けず劣らずのトウモロコシ生産国で,およそ3,000千ha前後という栽培面積を持っている.もちろん使われているハイブリッド品種は,20数社におよぶ民間種苗会社が育種した一代雑種である.ところが一代雑種の片親には,自殖系統F2が使われることが多い.F2はフランス中部ツールーズの東およそ100kmのドゥラカウン山の中麓で探索収集された在来のフリント型自然受粉品種から,フランス農業科学院(INRA)が育種した自殖系統である.F2は,これまでにも多くの自殖系統と組合わせられて,すぐれたF_1品種が数多く世に出た.たとえば,INRAのハイブリッドの多くの片親はF2で,フランスの大手の種苗会社リマグラン社はこのF2を片親(種子親あるいは花粉親)として,いくつもの優秀なハイブリッドを世に出したらしい.

Russell(1974)が10年ごとのトウモロコシの代表的な一代雑種を4品種ず

つ取り上げて比較試験をし，10年単位に10ブッシェル/エーカーで単収が上昇していることを確かめた．そこでは驚くべきことに，初めのうちはパデュー大学（同時に農務省試験場が設置）で育種されたWF9が，必ず使われていた．

これら2つの例にあるように，多くの自殖系統と相性がよい場合を，「一般組合わせ能力が高い」と表現している．つまりは，八方美人である．それではどのようにして，こうした自殖系統を見出して使っていたのか？

WF9のすぐれた組合わせ能力は，経験則に従って選ばれたといってもよい．しかしそういった情報がない自殖系統については，やはり交雑する相手を決めて交雑してF_1を栽培するしかない．しかし必ずしも常に交雑して，組合わせ能力を確かめる必要はなく，ある一定の自殖系統群との交雑組合わせについて試験し，統計遺伝学の手法を借りてその自殖系統の能力を評価する方法が，いくつか考え出されている．

(1) トップ交雑

先にイネの収量性を調べた図1-5-5がその例で，品種アキヒカリは当時としては収量性が高い品種であったから，アキヒカリを共通の種子親として多くの品種を花粉親として交雑，そのF_1の一穂穎花数を調べた．一穂穎花数について，花粉親の中にはもちろん優勢親よりも値が小さいもののあるが，大きい花粉親をいくつも指摘することができる．トップ交雑では優勢親に対して，ハイブリッドとしたときには一層高い値をあげることが期待できる組合わせ，つまり別の親系統を見つけ出そうというものである．この場合は，片親を固定して調べるため，実務としてはわりあい易しいし，統計遺伝学の手法としても判定が易しい．

(2) ダイアレル分析

日本語では総当たり交配（交雑）分析とか二面交配（交雑）分析という．本来この分析法が目的としたところは，効果が微小とされる遺伝子が集って，その結果眼で見て判断できるような定量的な形質に関して，結果として現われる場合の遺伝行動を知るものである．ヘテロシスというものも，定量的に発現するものであるから，この分析法が有効である．数学的な基礎によって，Jinks(1951)のものとHayman(1954)のものの2通りがあるが，その違いはこ

こでは触れない．詳しくは中山（1985）を見られたい．

ダイアレル分析では，普通は5系統以上の間で全部の交雑組合わせが必要で，A×BとB×Aという正逆の両交雑がある方が望ましいが，片方だけでも構わない．なお場合によってはF_2集団でもよいとされているが，F_1のヘテロシスの分析にはならない．

トウモロコシについてのひとつの例をあげると，交雑に用いたトウモロコシの6自殖系統の一株雌穂重についての結果がある（望月 未発表）．その結果は，回帰直線上の右上から左下に向かって順に，優性遺伝子が多く集積されている自殖系統であること，また回帰直線が放物線上の接線から遠く離れていて，延長した場合に縦軸のW_rをマイナスの位置で切ることから，ヘテロシスが相当期待できるとしている（図2-3-1）．

残念ながら広く使われる品種というものは，このダイアレル分析の結果を基本に，さらに相性のいい相手との特殊組合わせ能力が求められる．ここから先は，やはり組合わせの対象とする系統を先験的に選んで，組合わせるしかない．

（3） ノースカロライナ・グループのデザインⅠ，Ⅱ

著者たちはトウモロコシのバイオマス収量についての組合わせ能力を確かめようと，種子親にアメリカのデント型4自殖系統，花粉親に日本で在来化したカリビアフリント型由来の4自殖系統を使って，このデザインⅡにより実験した（山田ほか 1986）．その結果，アメリカ・デント型のいくつかの自殖系統は，日本のフリント型の自殖系統との間で一般組合わせ能力が高く，日本在来のカリビアフリント型同士では，組合わせ能力はあまり違いがないこともわかった．

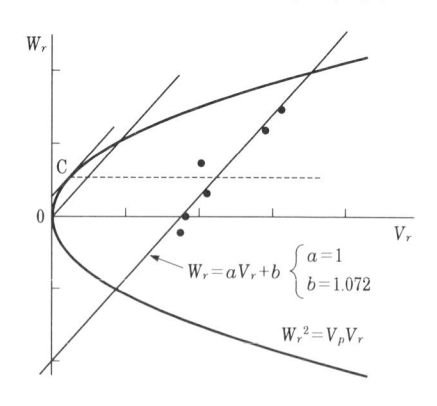

図2-3-1　トウモロコシの6自殖系統を用いた一株雌穂重に関するダイアレル分析

（望月 未発表）

2. 抵抗性を組合わせるハイブリッドの場合

　野菜でハイブリッドにする目的は，量的形質についてヘテロシスを期待する場合ばかりでなく，生物的あるいは物理的や化学的な環境に対する抵抗性の優性遺伝子について，別々の抵抗性に関する遺伝子を雑種の第1代に集めることである．これもまた重要なハイブリッド化の役割である．その方法となると，やはりトライアル・アンド・エラーの結果のデータを蓄積するしかない．

　バイオテクノロジーの進展によって，遺伝子を導入するのに何世代にもわたる交雑と選抜が，必ずしも必要でなくなりだしているが，そのことが可能な遺伝子や形質もまた数がごく限られている．また前の章のタマネギのように，既存の集団に内在する遺伝子もおろそかにできない．とすればいきおい従来からの手法で遺伝子を特定し，その遺伝行動を確かめるとともに，普通の固定品種のように両親系統を育種する必要がある．

　前の章の図1-1-2のトマトのハイブリッド，FTvR-209の例では，裂果抵抗性，芯止まり性，萎凋病レース1抵抗性について，両親系統には種子親に裂果抵抗性と芯止まり性を持つ系統57-11-7-1-5と花粉親に萎凋病レース1抵抗性を持つ系統Oh MR-9-10とを組合わせればよい．しかし両親系統が，単純に見出されたわけではない．57-11-7-5のほかに少なくても同じような系統が4系統あったし，Oh MR-9-10の場合もほかに9系統はあった．そしてこれら両親系統の決定には，やはりいくつもの系統同士のF_1の種子を得て栽培し，抵抗性などについて検定する必要があった．

　もうひとつの例は，やはり同じ野菜のハクサイ，長・野交25号がある．種子親8系統以上と花粉親10系統以上から，V10-5-6-9-8とCH1-2-12-13-10の組合わせを見出さなければならなかった（塚田 2000）．同じようにして育種されたのが，ろじゆたかであり，しなのあかである（小林ほか 1984, 1985）．

　結論として，ハイブリッドを育種することは，「やってみる」の連続であり「やって得た結果」の蓄積である．これまでにも，多くの研究方法や遺伝子の効果の分析，そして日進月歩の分子生物学・生化学に基づく研究が行われて

きているとした．しかし，ヘテロシスに関する遺伝学上の理論が確立されていない以上，育種の目標とする対象形質の遺伝子の働き方を十分に知って，組合わせる両親系統を決めなければならない．そのためには，その対象とする遺伝子（群）を維持する材料があり，それが可能な豊富な知識の蓄積と最新の科学的な情報，それを駆使する洞察力が育種をする人々には求められているといえる．

参考文献

Griffing, B. 1956．A generalized treatment of the use of diallel crosses in quantitative inheritance. Heredity 10：31－50.

Hayman, B.I. 1954. The analysis of variance of diallel tables. Biometrics 10：225－244.

Jinks, J.L. 1951. The analysis of continuous variation in a diallel cross of *Nicotiana rustica* varieties. Genetics 39：767－788.

小林忠和ほか 1984．トマト新品種「ろじゆたか」の育成とその特性．長野中信農試報 3：36－44.

小林忠和ほか 1985．トマト新品種「しなのあか」の育成とその特性．長野中信農試報 4：1－7.

望月昇（未発表）アメリカデント自殖系統のダイアレル分析と合成品種育種母本としての評価．

中山林三郎 1985．ダイアレルクロスとそのデータの解析（1）－（5）．農業技術 40：352－356, 398－402, 448－451, 493－496, 538－541.

Russell, W.A. 1974．Comparative performance for maize hybrids representing different eras of maize breeding. Proc. Annu. Corn Sorghum Ind. Res. Conf. 29：81－101.

塚田元尚 2000．公立場所における葉菜類の育種（レタス育種を中心にして）．日種協育種技研シンポ．平成12年度，7－16.

山田実ほか 1986．トウモロコシの乾物生産能力に関するヘテローシスの効果とその育種的利用．農林水産技術会議（編），グリーンエナジー計画成果シリーズⅡ系（物質固定）No.14：56－66.

第4節　雑種こそ生物集団のあるべき姿

　1992年に「環境と開発に関する国連会議（UNCED）」で採択された「生物の多様性に関する条約」は，生物が示す多様性の重要性を指摘している．多様性といっても，植物相と動物相，さらに普通には直接眼に付きにくい微生物相を含む多様性は，そこにひとつのシステムである生態系を成立させている．植物相に限っても，藻類のような下等植物から高等植物としての被子植物にいたる多様性は，いまだ人知が及ばないところもある．
　その基本単位が個々の植物種であることに変わりはない．それはタンポポであり，ススキであり，ブナであり，マコモであり，野生イネであり，春を彩るアブラナ科である．
　先に，トウモロコシの在来種はその集団の中に一定のヘテロ接合性を維持していると述べたが，どのような遺伝的機構によってヘテロ接合性，ひいては集団の雑種性を維持しているのかをここで取り上げる．

1．種の進化の中でヘテロシスをどう見るか

　メンデルが示した独立・分離・優劣の法則は，ダーウィン，C.の提出した種の起源論に，新しい遺伝学の手法をもたらした．木村資生（1988）は，遺伝子概念が確立するとともに生物の進化の過程について，理論的な研究が発展したとする．木村の提唱した中立説では（以下，引用の仕方は著者の責任），「…進化と変異の研究が遺伝子からは遠く離れた表現型を対象として行われ…遺伝子そのものの内部構造のレベルでとらえることができなかった…．…当時，アミノ酸配列を比較できた…ほんの少数のタンパク質（の情報＝引用者）…をもとにして，…進化の過程で哺乳動物の種は平均して2年に1個くらいの率で新しい突然変異（DNA塩基の変化）を蓄積し…．次ぎに種内変異については，…各個体は1,000以上の遺伝子座でヘテロ接合の状態にある…．…自然淘汰に中立な突然変異の偶然的浮動が分子レベルでの進化で主役を演じている…．」（引用書の54～55ページ）．さらに「今後

に残された大きな問題の一つは,表現型レベルの進化と分子レベルの進化との間にどうしたら橋渡しができるかということ…」としている.

ヘテロシスについて Dobzhansky(1952)は真正ヘテロシス(euheterosis)と繁茂(luxuriance)とに分けて考えることが必要だと指摘した.そしてメンデル集団(遺伝子を相互に交換している個体の集まりをいう.そしてその内部はさまざまな遺伝子型の集まりとなっている)が多型である状態では,ヘテロ接合の個体がホモ接合の個体よりも高い適応度(適応度が高いというのは,その遺伝子型が次の世代(もちろんまたその次の世代を生み出すまで生存するとする)を生み出す割合が,ほかの遺伝子型に比べて高いことを意味する)を持つために,全体としてそれぞれの遺伝子型同士の割合が安定した平衡状態に保たれるとした.

ドブジャンスキーは,この事実を染色体単位で論証し普遍化して,「ヘテロシス,つまりヘテロ個体がホモ個体よりも適応的にすぐれていること」(引用は駒井・高橋共訳から)が,メンデル集団を平衡状態という多型現象を成立させている「必要条件である」とした.

このような真正ヘテロシスが集団にとっては有用であるとの考えは,木村資生によると,自然淘汰万能の立場に立つ平衡淘汰説へと引き継がれ,頻度依存性淘汰の考えに残されてきたが,「ショウジョウバエの多型的なアイソザイム対立遺伝子を用いた…実験および観察が行われ…むしろ中立説を支持する多くのデータが得られ…」て,ドブジャンスキーが提唱した自然淘汰万能の考えは後退している.

2. ヘテロ接合が優勢であること

20世紀の半ば,集団遺伝学の研究者や作物育種の集団遺伝学的手法を推進した研究者は,種の集団であれ品種の集団であれ,その集団に含まれる個体それぞれの接合性に注目した.先にあげたように,ドブジャンスキーがヘテロシスを2つの概念に分けて追究したのもそのひとつである.そして現在は,アイソザイムの対立遺伝子の多型性や,ゲノムの基本である塩基配列の多型性の研究によって,集団の進化と接合性との関連は,あまり重要視されなく

なった.

　しかしながら進化という長い時間軸でなく,種あるいはそれより小さい単位とされている亜種や変種,さらに品種の集団の維持という比較的短い時間(進化と比べれば)を対象とした場合には,ヘテロ接合であることの意味を考えておくことも必要かも知れない.「表現型レベルの進化と分子レベルの進化の橋渡しが残されている以上」(木村 1988),現象としてのヘテロ接合性と集団そのものの関係を整理しておく必要がある.

　次章で述べるように,高等植物の繁殖方法は他殖性が王道である.進化を考える前提としてのメンデル集団は,さまざまな遺伝子型の集合体であって,集団内の遺伝子は集団を構成する個体の遺伝的構成によって決まる.そしてさらにメンデル集団は,有性生殖の他殖性であり無作為交雑(任意交配)であって,集団の統一性は生殖過程そのものに依存していて,無作為な遺伝子のやりとりである無作為交雑が前提とされている.

　このようなメンデル集団では,自殖を含む他殖すなわちヘテロ接合の状態の個体が,圧倒的多数を占める.1対,2対,3対,…,n対と遺伝子の数が増加するにつれて,多くのホモ接合の遺伝子型を持つ個体の比率は減少していく.そしてヘテロ接合の遺伝子型は,集団内の多数派を占めることになっていく.しかしこのようなヘテロ接合個体の相対的な頻度が,他殖性の繁殖方法を主とする高等植物集団を維持している訳ではない.

　先に F_1 の個体に生じる花粉は,受精上の競争で常にホモ接合個体に生じる花粉よりも,大層有利であることがわかった(山田 1982).それは自然受粉品種のような集団で,ヘテロ性を一定に維持するために,このような受精競争上のヘテロシスが働いていることを思わせる.自然受粉品種ではさまざまな遺伝子型の混合物,すべての遺伝子座について完全なヘテロ接合型から完全なホモ接合型まで,その中に含まれていると見るのが妥当である.その中で F_1 型(ヘテロ接合型)の個体に生じた花粉の受粉・受精の行動をみると,無作為な受粉となっていながら受精は無作為とはならず,ヘテロ接合型に由来する花粉が受精競争での有利さが,ヘテロ性を一定に維持していることを予想させる.

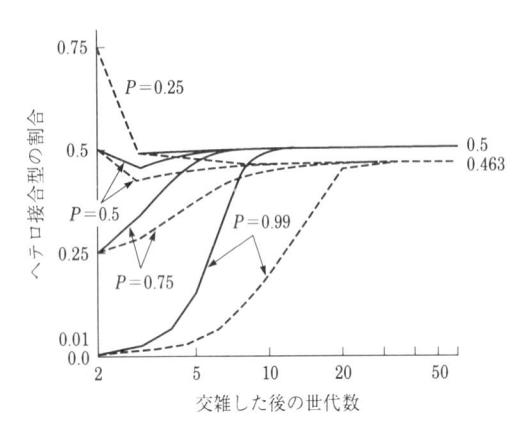

図2-4-1 無作為に受粉する品種競争の中で，ヘテロ接合個体の花粉が受精競争上有利であることによって，ヘテロ接合型の割合は0.5の近くで安定する（山田 1982）
実線はヘテロ接合型の花粉の受精率が0.7で2つのホモ接合型のそれがそれぞれ0.15，破線はホモ接合型の一方のみが0.3の場合．Pは初め（第2世代）の集団で，ホモ接合型個体の割合を示す（もう一方のホモ接合型の割合，Qは0.0とした）．

　著者たち（Yamada and Ishige 1986）は，①受粉された雌側（種子親側）の遺伝子型や接合性は受精競争に影響しない，②形式的に1対の遺伝子座を仮定して，ホモ接合型（A_1A_1とA_2A_2）に生じる花粉とヘテロ接合型（A_1A_2）に生じる花粉とで，後者の受精率が常に51％を超え，場合によっては99％（という実例を経験している），③それぞれの花粉の受粉は無作為であるとし，典型的ないくつかの例を取りあげて，図2-4-1に示した．安定したヘテロ接合頻度に到達する世代数はさまざまだが，主としてヘテロ接合型に生じる花粉の受精競争上の有利さにもよるが，究極としては全体のおよそ1/2がヘテロ接合に向かっていく（収束する）ことになる．著者は，自然受粉品種や合成品種が，開花期・草丈・果実の大きさ・地下部の生長程度といった特性について，どうしてある一定の範囲のうちに収まるのかを考えてきた．遺伝子頻度にのみ注目したメンデル集団の中で，遺伝子型に依存するこのような受粉・受精上の機構が働くことによって，集団の遺伝子型構成が落ち着いているのだと思う．

3. 個体のヘテロ接合性と集団を構成する個体のヘテロ性

　著者が関わってきたトウモロコシでは，さまざまなホモ接合個体とヘテロ接合個体がさまざまな割合で混ざり合って安定している自然受粉品種と，すべての個体が完全にヘテロ接合であるハイブリッドで，接合性程度が両極端のものであることはすでに触れた．

自然受粉品種では，個々の個体の接合性は平均的にはヘテロ接合とホモ接合が1/2ずつであって，集団としての均一性を保っている．一方，一代雑種としてのハイブリッドは各個体がすべて完全なヘテロ接合であることから，ハイブリッド品種集団は完全な同質性を示す．

　別のいい方をすると，自然受粉品種は多くの異なるホモ接合とさまざまな程度のヘテロ接合となっている個体の集まりで，集団としては多様な遺伝子型の集まりである．一代雑種は完全にヘテロ接合の個体の集まりで，集団としては見事な均一化された個体の集まりとなる．まとめると，

	自然受粉品種	一代雑種品種
個体の接合性	ホモ接合(同型接合)＋ヘテロ接合(異型接合)	ヘテロ接合（異型接合）
集団の均一性	ヘテロ（異質性）	ホモ（同質性）

となる．自然受粉品種は多様なホモ接合とヘテロ接合により集団としてはヘテロ，一代雑種品種はすべてヘテロ接合で集団としてはホモと，まったく違う集団であることがわかる．

（1）自然受粉品種の場合

　この概念の品種には，合成品種と混成品種も含まれよう．合成品種というのは，他殖性の作物で利用されている形式で，テンサイ・トウモロコシ，それにチモシー・オーチャードグラス・バヒアグラスというイネ科牧草，アルファルファ・シロクローバというマメ科牧草で，広く用いられている．混成品種という形式は，トウモロコシの遺伝資源を維持する基本集団として，利用されているものである．

　合成品種は，2つ以上の品種・系統を相互に交雑して得られた種子の後代であるから，単純には雑種第2代を構成する個々の遺伝子型の集まりで，さらにそれ以降はそれぞれの世代ごとにそれぞれの遺伝子型の割合の集まりとなる．同時に特定の遺伝子型に注目した場合，その遺伝子型についてホモ接合とヘテロ接合の個体を一定の割合で集団内に保持する．そして究極としては自然受粉品種となっていく．

このように自然受粉品種では，多様な遺伝子型で構成され，接合性の程度も多様であることから，概念としてはさまざまな遺伝子を一定の割合で持っていて，生物的・非生物的環境ストレスに対する弾力性も持つことになる．

（2）一代雑種の場合

　完全なヘテロ接合型だけで成り立つ集団となるハイブリッドでは，図2−2−4の遺伝子構成で分かるように，すべて同じ遺伝子型で成り立ってしまい，その集団は環境変動，たとえば土壌に含まれる肥料成分の量の違いで生育量に差が多少付くのみである．そしてその品種集団は，見事なくらい生育量・形態・生態（開花期のようなもの）が均一になる．そのハイブリッドの遺伝子型が特定の環境ストレスに感受性になるならば，すべての個体が同じように感受性となってしまう．

　前に取りあげた均一集団の例として，トウモロコシのT型細胞質がゴマハガレ病Tレースによって大被害を受けた例（これは細胞質の画一性だが）がある．別の例としては，特定のイモチ病抵抗性について関東51号型として類別された遺伝子$pi-k$のみとしたイネの品種クサブエ（伊藤ほか 1961）の例がある．こうした品種を大規模に栽培した結果，その抵抗性遺伝子のみを犯すレースが拡がることによって，壊滅的な発病を促してしまった．これらの例は，品種集団の同質性に対する警告となっている．しかしこれまでに述べてきたようにハイブリッドでは，その多収性と組合わされた環境抵抗性遺伝子の効果が，すぐれた安定した生産性を示してきたことも事実である．

参考文献

　ドブジャンスキー，Th. 1951.(遺伝学と種の起源. 1952. 駒井卓・高橋隆平訳，培風館，東京. 348pp)
Dobzhansky, Th. 1952．Nature and Origin of Heterosis. Gowen, J.W. ed. "Heterosis". Iowa State Col. Press. Iowa. 218 − 223.
　伊藤隆二ほか 1961．水稲新品種「クサブエ」について．関東東山農試報 18：23 − 33.
　木村資生 1960．集団遺伝学概論．培風館，東京．312pp.
　木村資生 1988．生物進化を考える．(岩波新書19)，岩波書店，東京．290pp.
　山田実 1982．トウモロコシのF_1個体の花粉が示す選択受精上の有利性に関する育種

的意義. 農技研報 D33：63 − 113.

　Yamada, M. and T. Ishige 1986. Population dynamics of open-pollinated maize synthetics under non-random fertilization conditions. Mulcahy, D.L. *et al.* ed. "Biotechnology and Ecology of Pollen". Springer-Verlag, New York. 455 − 460.

第3章　一代雑種種子の採種技術とその科学

　これまで，一代雑種の強勢現象について，その実例と遺伝学上の諸々の研究を述べてきた．それぞれの作物について一代雑種種子の採種の容易さと難しさ，さらに容易にすることの重要性を指摘した．そのために必要な形質として，雄性不稔性や自家不和合性などといった用語を使ってきたが，その内容については述べてこなかった．

　本書の目的は，雑種の第一代目をそのまま利用することのすべてを知ることである．ところが，それぞれの植物ごとに種子のでき方を知って，意図的に雑種にしなければ，ハイブリッドは成り立たないし，F_1種子の採種もできない．

　一代雑種を直接生産に利用するきっかけは，雌雄が別個体であるカイコだが，個体ごとに雌雄性がはっきりしていない多くの栽培植物で，その一代雑種を栽培するにしても，一代雑種とした種子がなくては話にならない．それではどうやってその種子を得るのか？メンデルが行ったエンドウの遺伝実験のように，ていねいにひとつずつ人手で交雑していては，業として大量の一代雑種の種子を得るのには，不都合であるし実際的でもない．それぞれの種や系統，個体が持っている繁殖方法をよく知って，できればその繁殖方法を上手に利用することになる．

　トウモロコシは，幸い雄花（雄穂，英語では tassel）と雌花（雌穂，英語では ear. 花粉を直接受粉する柱頭の部分は絹糸．英語でも silk）が別々のところに着く（Sprague and Dudley 1988）し，ホウレンソウは雌性株と雄性株があり交雑は容易である（図1-1-6，農文協編 1976）．しかしハクサイは，ひとつの花に雌しべと雄しべがあるし，ヒマワリもハクサイと同じである．ダイズやエンドウでは，葯から花粉が飛び散って受粉すると，すぐ花弁の一部（旗弁という）が閉じて，ほかの株の花粉を寄せつけない．こうした花の構造とその機能はその種にとって大切で，それも遺伝的に決定されている．

ここではまず高等植物の繁殖方法について述べ，その特長を生かした一代雑種種子の生産方法と，さらに普通では異なる個体の間では交雑しない植物で，何とかして一代雑種の種子を得ようとする場合に，どんな手立があるのか，さらにどのように繁殖方法を変えることができるのか，また変えようとしているのかについて述べる．

参考文献

農山漁村文化協会編 1976. 新野菜全書「キャベツ・ハクサイ・ホウレンソウ・他」. 農文協, 東京. 768pp.

Sprague, G.F. and J.W. Dudley 1988. Corn and Corn Improvement. 3rd. ed. Amer. Soc. Agron. Inc. Wisconsin. 986pp.

第1節 子孫繁栄のための植物の繁殖戦略

1. 他殖こそ植物の本性

被子植物は重複受精という形式で種子を作って，次の世代を再生産するのが普通である．種苗を増やす手段として，果樹や裸子植物のスギ・ヒノキに見られるように挿木や接ぎ木をする例もあるが，植物自身は受精で種子を作るのが基本である．

被子植物が重複受精をするということがわかったのは，およそ100余年前の1898年のことで，たかだか100年ちょっと前，しかもロシア人のNawashin, M.S.とフランス人のGuinard, L.によってほぼ同じ時期に明らかにされ，1900年にシュトラスブルガーによってさらに整理されて重複受精と命名された．

それから60年後，それまでに報告されている被子植物の繁殖方法について，Fryxell (1957)が，高等植物の生殖の方法に関する論文（論文数は482編）を整理し，大ざっぱに3通りの繁殖方法に分類した．その3通りは，自殖・他殖・アポミクシス（日本語訳では無配生殖としているが，ここでは雌性細胞・雄性細胞以外の細胞から分化したものも含める．あえてカタカナ書きとした）で，

この3者を三角形の頂点とした概念図を描いた．

前の章まででも，自殖性・他殖性・アポミクシスと大ざっぱにいってきたが，厳密にいうと（安田 1944）ジャガイモの茎が変化してできるイモ（塊茎）のように栄養体部分による繁殖を栄養生殖，普通に花粉由来の雄性核と雌性の卵細胞との受精などによる有性生殖，花粉・卵細胞・それ以外の生殖器官の一部が発育するアポミクシスとしている．自殖も他殖も有性生殖である．

有性生殖とアポミクシスとの大きな違いは，有性生殖の場合には減数分裂で半数となった染色体の配偶体同士が融合して全数の接合体となり，新しい遺伝子型を生み出す．一方，アポミクシスはその植物体の遺伝子型そのままで次の世代となる．こうした違いをまず指摘して，Fryxellの三角形をみる（図3−1−1）．

それぞれの種が持つ繁殖方法の程度の差，つまり自殖が普通だが場合によっては他殖も数％するとなると，その種は純粋に三角の一頂点自殖のところに位置せずに，少しばかり他殖の頂点によった辺の上に位置する．1,552種の繁殖様式を調べた結果，図3−1−1で完全に他殖のAの範囲に入るものが843（54.3％）と過半数を占め，部分的に自殖もするBの範囲に入るものが126（8.1％），部分的にアポミクシスするDの範囲に入るものが195（12.6％），その他34（2.2％）つまり他殖が中心の植物が全体の75％にもおよんでいる．それに対して完全に自殖するCの範囲に入るものは230（14.8％）で，アポミ

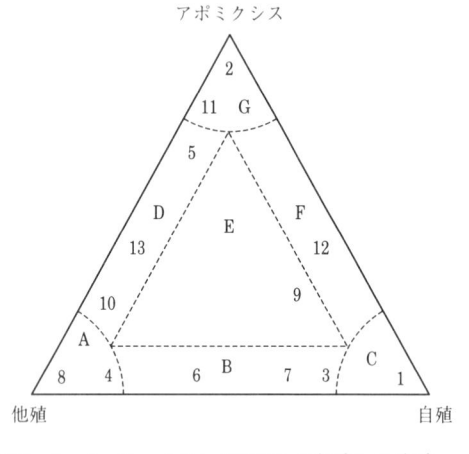

図3−1−1 Fryxell, P.A.（1957）が提案した生殖・繁殖の三角図（山田 1987）

図中の数字は以下の植物の位置を示す．1：イネ，2：ニンニク，3：アスターの仲間（*Callistephus chinensis*），4：ダイコン，5：ケンタッキーブルーグラス，6：ライムギ，7：黄花ルービン，8：アマ，9：マンゴー，10：ジャノメソウの仲間（*Coreopsis tinctoria*），11：タネツケバナ，12：カモジグサの仲間（*Agropyron scabrum*），13：トリプサクムの仲間（*Tripsacum dactyloides*）．

クシスが主体のGの範囲に入るものは124（8.0％）となっている．

つまり他殖をする種の数は，その他を含めると全体の77％強と3/4を超えていて，被子植物の繁殖方法は圧倒的に他殖である．松尾監修（1974）の育種ハンドブックの付表に，作物の花の構造と交配操作があり，調べた作物種51種のうち7種のみが他殖性ではないとしている．その7種のうちでも開花受粉するのでわずかながら他殖となるコムギも入っているから，まったく他殖をしない種となると，きわめて限られる．

このことからもわかるように，高等植物の大部分は程度の差こそあれ常にほかの個体の花粉，自分以外の花粉を受粉・受精する繁殖方法をとっていて，他殖が被子植物の繁殖方法の王道である．つまりヘテロ接合が種の生存に有利であり，こうして成り立っている種内の集団には，さまざまな遺伝子型をその中に温存できるわけである．

次にもう少し，この他殖性の機作を支配する花の構造について踏み込んでみる．他殖の機作を論じる前に，花のでき方に注目すると，

雌性単性株・・・雌花のみ（例：アスパラガス・ホウレンソウ）

雌花同株・・・・雌花と両性花（例：ホウレンソウ）

雌雄同花・・・・両性花（ひとつの花に雄ずい・雌ずい）（例：イネ・ハクサイ・ソバ）

雌花雄花同株・・雌花，雄花と両性花（例：クワ・カキ）

雌雄同株・・・・雌花と雄花（例：キュウリ・カボチャ・トウモロコシ）

雄花同株・・・・雄花と両性花（例：メロン・ホウレンソウ）

雄性単性株・・・雄花のみ（例：アスパラガス・ホウレンソウ）

と7通りがある．この中で，自分の花粉を自分の雌しべに自殖をする花となると，雌雄同花しかないが，他殖のためにはすべての花のでき方があり得る．

このような花のでき方のほかにもうひとつ別の機作がはたらく場面がある．自殖にとって必須な雌雄同花でも，雌しべと雄しべの成熟度が一致せず，雌雄異熟という現象もある．

こうした雌しべと雄しべの成熟を時間差で整理してみると，次のようにな

る．

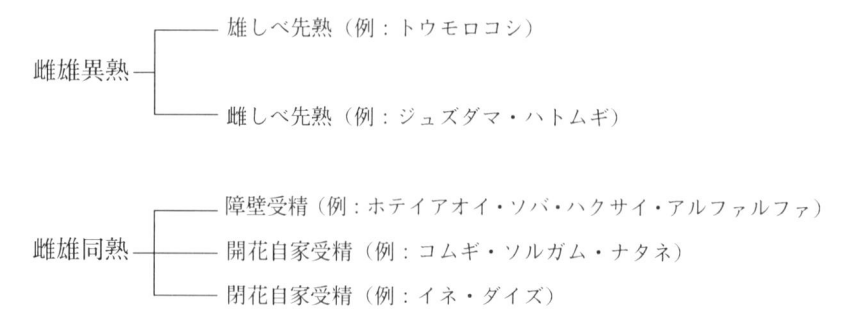

```
雌雄異熟 ─┬─ 雄しべ先熟（例：トウモロコシ）
         └─ 雌しべ先熟（例：ジュズダマ・ハトムギ）

雌雄同熟 ─┬─ 障壁受精（例：ホテイアオイ・ソバ・ハクサイ・アルファルファ）
         ├─ 開花自家受精（例：コムギ・ソルガム・ナタネ）
         └─ 閉花自家受精（例：イネ・ダイズ）
```

　このように自殖であるためには，花の構造のうちのひとつに限られ，しかも雌雄同熟であって閉花自家受精という方法に限られる．それほど自殖は，特殊な繁殖方法である．

　なお他殖であるためには，花粉が自株以外の個体の雌しべに届けられなければならない．その方法は，風に乗る（風媒花），水に流される（水媒花），移動する動物の体に着いて運ばれる（虫媒花，おもに虫によるがハニーバードのような鳥の場合もある）というような運搬方法に委ねる必要がある．

　以上の事実からすると，高等植物の繁殖方法の王道は他殖であることもうなずける．しかし，人の食料，とくにエネルギー源でもあるイネ・オオムギ・コムギ・ダイズなどの多くの主要な作物は，自殖性である．これらの植物種でも，野生種や近縁種，それに近縁野生種には，他殖が普通である例も多い．それでは主要な作物のいくつかはなぜ厳しい自殖性なのか？それにはそれなりの理由はあるらしい．

2．他殖の機作

　先に，他殖こそ被子植物の繁殖方法の王道であるとした．とすれば逆に，他殖にはさまざまな機構が働いていると見るのが当然である．花の構成と構造から他殖となるもの（物理的な自殖の拒否）や，花の咲く習性から他殖となるもの（時間的な自殖の拒否）は，単純に理解できる．しかし，両全花でしかも他殖となるためには，生物学的に自殖を拒否する機作が働く．

もっとも厳しい拒否は，①交雑不稔性で，ヒトがいかに働きかけようが種子はできない．②雄性不稔性では，この特性を持つと自殖はできないが他家の花粉は受け入れる．さらに③自家不和合性では，個々の個体の遺伝子型あるいは花粉の持つ遺伝子によって，自殖せず他殖となる．いい加減なのは④配偶体遺伝子によるもので，特定の遺伝子を持つ配偶体の交雑率が偏ってしまう．さらに花粉の受精競走で起こる⑤選択受精現象では，ある種の遺伝子を持つ花粉がより多く（あるいはより少なく），受精にあずかる．もっとも交雑不稔性では，種子ができないからここでは論じない．

（1）雄性不稔性

　自らの花粉を生じないとすれば，他花の花粉を受け入れることになり，完全に他殖となる．ヒマワリやイネなどでその度ごとに触れてきた．

　雄性不稔という現象は，遺伝的あるいは環境条件によって，あるいは何らかの人為的処理，つまり化学的あるいは物理的処理によって，雄ずい，葯，あるいは花粉が正常に機能せず，結果として自家（花）受粉が起こらないことをいう．ここでは植物が本来持っている，つまり遺伝的な背景がしっかりしている場合の雄性不稔性について，まとめてみる．

　雄性不稔性の遺伝子は，細胞核内にある場合と，細胞核外のミトコンドリアのような小器官にある場合がある．後者の場合は，さらに核内にその遺伝子効果を制御する遺伝子の有無によって，その働きが変わる．いずれにしろ，自分の花に由来する花粉は生み出されないから，完全に他殖となる．雄性不稔には3通りの場合がある（図3-1-2）が，次世代の種子が得られなければならないから，実際に使われているのは一部の核遺伝子雄性不稔型と大部分の核＝細胞質雄性不稔型が普通である．

　核遺伝子型の雄性不稔では，花粉親の不稔性遺伝子の存在がヘテロ接合かホモ接合かによって，次の代がすべて可稔かあるいは半分可稔となる．

　核＝細胞質雄性不稔型では，交雑によって得られる種子はすべて細胞質が不稔性の遺伝子であり，花粉親の雄性不稔回復核遺伝子によって，交雑した次代が可稔になったり不稔になったりする．交雑した次代が花粉を生みだすことができるかどうかは，その次代が稔性回復遺伝子をヘテロ接合で持つこ

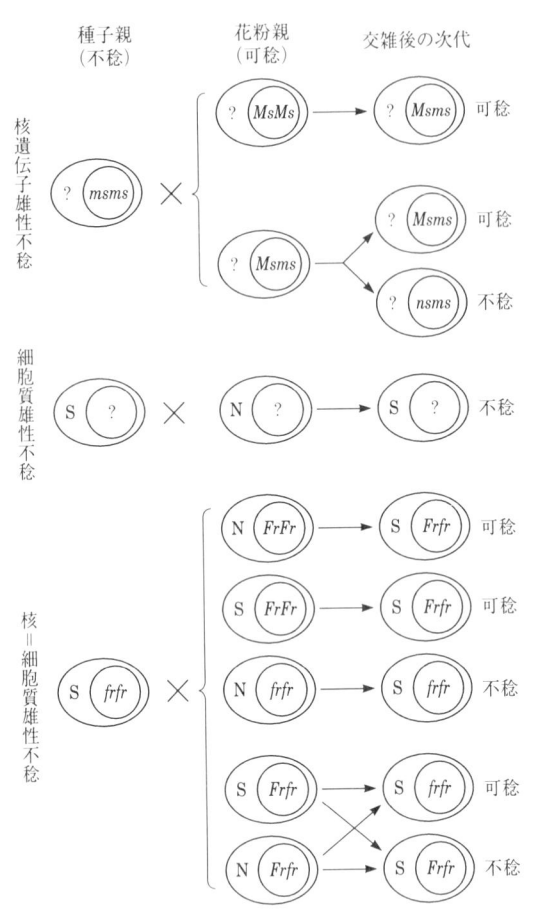

図3-1-2 雄性不稔の3つの型とその交雑結果

交雑後の次代の細胞質は常に種子親のものである．核内の遺伝子は，Ms：可稔遺伝子，ms：不稔遺伝子，Fr：稔性回復遺伝子，fr：非稔性回復遺伝子，N：正常細胞質，S：雄性不稔細胞質，？：遺伝的効果は問わない．

とによって初めて花粉が生じる．

Kaul(1988)は雄性不稔という特性について，その全体像とどんな植物で見出されたのかを明らかにした．雄性不稔性は，これまでの章でも具体的な例をその度ごとに取りあげたが，ハイブリッドの種子を得るためにきわめて重要な特性なので，後にあらためて詳しく記すこととする．

（2）自家不和合性

ハクサイ・キャベツやテンサイには，自分の花の花粉は受精させない遺伝的機構がある．すなわち自家不和合性遺伝子の存在によって，可稔になった

り不稔になったりする．この遺伝子は予想をはるかに超える数の植物種に広がっている．

自家不和合性を形式的に単純化すると，花粉の持つ不和合性遺伝子の働きには，胞子体型と配偶体型とがある．たとえば胞子体型では，花粉が作られる花粉親の個体の遺伝子型がS^1S^3の場合，種子親側の遺伝子型がS^2S^4の場合のみ受精できる．配偶体型では，花粉が作られる花粉親の個体の遺伝子型がS^1S^3の場合，種子親側の遺伝子型がS^1S^3の場合にのみ受精することができず，あとは1/2あるいはすべて受精する．その遺伝的，生化学的，さらにゲノム・レベルでの研究が進んでいるので，後に詳しく述べる．

（3）配偶体遺伝子

このような働きをする遺伝子があることは，トウモロコシで1920年代に初めて知られた．F_2世代の分離が3：1でなく3.5：1や5：1といったような不規則と思われる分離となる．これはトウモロコシのde遺伝子（不完全種子となることを支配）の同じ染色体に連鎖している配偶体遺伝子の働きにより，分離比が変わるので発見された（Mangelsdorf and Jones 1926）．日本のイネでも，外来品種と日本型品種・系統との交雑不稔性の現われ方から，配偶体遺伝子が同定され，第3，5，6の各染色体に座乗している（中川原 1985）．イネばかりでなく，トウモロコシをはじめとして配偶体遺伝子は多くの植物で見出され，ハクサイ（村上 1964，1965），黄花ルーピン（Szigat 1966），リママメ（Allard 1963），テンサイ（Magassy 1963），マツヨイグサ（Schwemmle 1968）などなど，その例は多い．

トウモロコシでは，その後いくつもの配偶体遺伝子が発見されて，遺伝子記号でGa_1からGa_{10}まで報告され（その後整理されて5個），それぞれ第3，第5，第9の染色体に分布し，さらに雌性配偶体にあって花粉の受精を強く規制するGa^s，これとは逆に雄性配偶体（花粉）側でのみ働くGa^mも報告されている．Maletsky（1969）は，不和合性遺伝子→雌性配偶体遺伝子Ga^s→配偶体遺伝子Ga→雄性配偶体遺伝子Ga^m→劣性配偶体遺伝子gaという進化により，植物は性的隔離をゆるくしてきたとしている．

(4) 選択受精

　この現象は，配偶体遺伝子の一部かも知れない．せまい意味では競争受精として，別々の遺伝子を持つかあるいは遺伝子型に由来する花粉同士が，ひとつの雌しべの柱頭の上で発芽した後，どの花粉がより速く，より多く受精にあずかるかということである．ところがこうした現象は，これまでは知られることなく見過ごしていた配偶子（花粉）の持つ遺伝子構成によって起こっているとする例もある．このことが受精してできた次の世代の胞子体（植物体）の形質を支配し，ハイブリッドの強勢程度をも支配している（Hofmeyr and Geerthsen 1958, Mulcahy 1971）という．山田（1982）はトウモロコシの F_1 個体に生じた花粉は，受精競争ですぐれていることを示したが，それ以上の遺伝的な解析はしていない．

　いずれにしろ，個々の花粉が無作為に（at random）受粉しても，なお同じ確率で平等に受精にあずかるとは限らない（生井 1992, Namai and Ohsawa 1992）．

3. 他殖であることの長所と短所

　一般に他殖性を本筋とする植物，たとえばトウモロコシ・アルファルファ・キャベツなどで，人為的に自殖を強制して種子を得て，引き続いて自殖をくり返すと，個体の生長や種子数と種子の大きさが順次低下していくことが広く知られ，これを自殖弱勢と名付けられている．

　Allard（1960）は，他殖性である植物は，自殖をくり返すことによって，①それまでヘテロ接合で発現しなかった多くの致死因子の遺伝子型が現われる，②さまざまな特性について別々の型（系統）がはっきりと別れてくる，③多くの型（系統）が当代の生長および次代の産出を低下させ，④生き残った型（系統）も大きさや活性が低下するとした．

　Allard（1960）によると，1904年，East, E.M.が当時としては生産性の高い優秀なトウモロコシの自然受粉品種Leamingの12個体を自殖し，以後30代にわたって自殖し続けた．1912年には4系統だけが残り，後は採種できなくなった．しかもその中で，さらに種子が得にくくなったものもあり，結局残

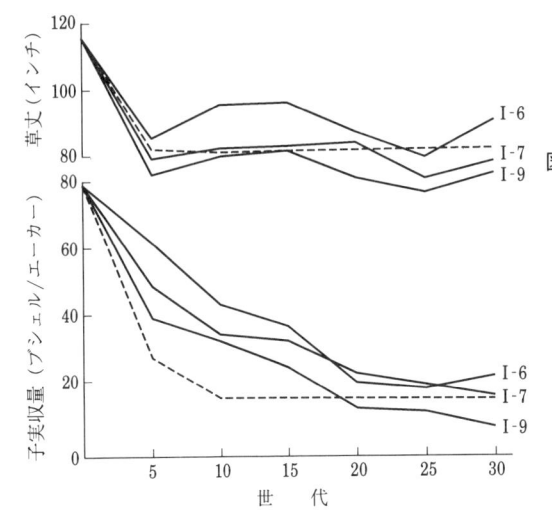

第 1 節　子孫繁栄のための植物の繁殖戦略　(127)

図 3 - 1 - 3　トウモロコシの自然受粉品種 Leaming 12 個体を選んで自殖を繰り返した後代．30 代までの各系統の草丈と子実収量の推移（Jones 1939）
破線は理論値である．

った 3 系統，I-6，I-7，I-9 が，30 代まで維持された（Jones 1939，図 3 - 1 - 3）．確かに自殖を続けると，草丈も種子収量も減退していくが，予想した理論値（図中の破線）に比べれば，種子収量は高い値で進んでいる．こうした事実は，自殖性の植物としてのイネ・コムギ・オオムギが，存在している証拠なのかも知れない．

　さらにタマネギの例をあげる．花岡（1963）は，在来種札幌黄から 97 の系統を自殖して花粉親として選んだが，その過程で数多くの自殖弱勢系統が出た．この結果と以前にあった国内外の報告とをひとまとめにして調べると，球茎についての自殖弱勢にも程度の差があった．しかもその種子を系統ごとに自殖させず，袋掛けして自殖個体間の自然交雑をさせた集団とすると，球茎の重さはかなり回復した．

　他殖であることは，種そのものに内在する不都合な遺伝子，場合によっては好都合となるかも知れない遺伝子が，表現型の場で働かないように集団内に納められていて，集団として一定の割合でヘテロ接合の程度を保ち続け，その集団，その種を存続させている．そうした特長を自殖と対応させて整理すると，次頁のようになる．

	生長・生殖能	集団内の均一性	致死因子の存在	適応度
他殖	多様で平均化	遺伝子交換で平衡状態	内在・維持される	安定
自殖	遺伝子型依存	分離していく	淘汰されて消失	遺伝子型支配

参考文献

Allard, R.W. 1960. Principle of Plant Breeding. John Wiley and Sons Inc. New York. 485pp.

Allard, R.W. 1963. An additional gametophyte factor in the lima bean. Züchter 33 : 212 – 216.

Copeland, L.O. and E.E. Hardin 1970. Outcrossing in the ryegrasses (*Lolium* spp.) as determined by fluorescence. Crop Sci. 10 : 254 – 257.

Fehr, W.R. and H.H. Hardeley ed. 1980. Hybridization of Crop Plants. Amer. Soc. Agron. inc., Wisconsin. 765pp.

Fryxell, P.A. 1957. Mode of reproduction of higher plants. Bot. Rev. 23 : 135 – 233.

花岡保 1963. 北海道に適合する玉ねぎ品種ならびに一代雑種の利用に関する研究. 北農試報告 60 : 1 – 71.

Hofmeyr, J.D.J. and J.M.P. Geerthsen 1958. Competitive pollen tube growth studies in *Zea mays* L. Pub. Univ. Pretoria Nuwe Reeks. 7 : 80 – 82.

Jones, D.F. 1939. Continued inbreeding in maize. Genetics 24 : 462 – 473.

Kaul, M.L.H. 1988. Male Sterility in Higher Plants. Springer-Verlag, Berlin. 1005pp.

Magassy, L. 1963. Selective fertilization in beet. Acta Agron. 7 : 1 – 18.

Maletsky, S.I. 1969. (On the origin of the gametophyte genes in self-compatible plant species.) (in Russian with English summary) Genetika 5 : 159 – 167.

Mangelsdorf, P.A. and D.F. Jones 1926. The expression of Mendelian factors in the gametophyte of maize. Genetics 11 : 423 – 455.

Mulcahy, D.L. 1971. A correlation between gametophytic and sporophytic characteristics in *Zea mays* L. Science 171 : 1155 – 1156.

村上寛一 1964. 選択受精に関する育種学的研究. I.白菜. 1. 品種間選択受精の有無. 育雑 14 : 157 – 163.

村上寛一 1965. 選択受精に関する育種学的研究. I.白菜. 3. 自家ならびに交雑不和合性の遺伝. 育雑 15 : 97 – 107.

松尾孝嶺監修 1974. 育種ハンドブック. 養賢堂, 東京. 1110pp.

中川原捷洋 1981. 栽培イネ遠縁交雑に認めた遺伝子の不均等伝達とその遺伝的機構の解明－第3染色体に属する標識遺伝子の異常分離について－. 農技研報 D32：15－44.

生井兵治 1992. 植物の性の営みを探る. 養賢堂, 東京. 240pp.

Namai, H. and R. Ohsawa 1992. Evidence of non-random seed setting of ovules in the pod of the cruciferous plants *Brassica juncea* and *Raphanus sativus*. Ottaviano, E. et al. ed. "Angiosperm Pollen and Ovules." Springer-Verlag, New York. 429－434.

農山漁村文化協会編 1976. 新野菜全書「キャベツ・ハクサイ・ホウレンソウ・他」. 農文協, 東京. 768pp.

大澤良 1995. 他殖性作物における受粉生物学的研究ならびに植物集団遺伝構造の理論的解析. 育雑 45（別1）：8－9.

Schwemmle, J. 1968. Selective fertilization in *Oenothera*. Adv. Genet. 14：252－324.

Sprague, G.F. ed. 1977. Corn and Corn Improvement. 2nd. ed. Iowa States Univ. Press, Madison. 345pp.

Sprague, G.F. and J.W. Dudley ed. 1988. Corn and Corn Improvement. 3rd. ed. Amer. Soc. Agron. Inc., Wisconsin. 986pp.

Szigat, G. 1966. Unterzuchungen an *Lupinus angustfolius* über eine Wahlbefruchtung und ihre Auswirkung auf die Vitalitaet der F_1. I. Untersuchungen zur Wahlbefruchtung. Z. Pflanzenzüchtg. 55：276－303.

Weller, S.G. 1992. Evolutionary modifications of tristylous breeding systems. Barrett, S.C.H. ed. "Evolution and Function of Heterostyly." Springer-Verlag, Berlin. 245－272.

山田実 1982. トウモロコシにおける F_1 個体の花粉が示す選択受精上の有利性とその育種的意義. 農技研報 D32：63－119.

山田実 1987. 作物集団における遺伝子の交換・維持の機構－新生遺伝子の消長を理解するために－. 農業技術 42：193－197.

安田貞雄 1944. 高等植物生殖生理学. 養賢堂, 東京. 582pp.

第2節　完全な交雑種子を生産する

　前の節で，花の性質，花の咲き方，花の構造，雌しべ・雄しべの働き方，花粉の受粉の仕方などに触れた．そこには，雌雄異株の植物のアスパラガスやホウレンソウ，雌雄異花の植物のキュウリやカボチャそれにトウモロコシ，自家不和合を起こす異形花の植物のソバ，サクラソウ，ホテイアオイ，自家不和合性の同形花の植物のハクサイ・キャベツやアルファルファ，さらにテンサイ，何らかの遺伝子の働きによって雄しべがなくなったり花粉ができない雄性不稔性の植物としたヒマワリやソルガム，それにイネ，さらに選択受精が働いているトウモロコシやリママメ．このように，種子を生じるのにもさまざまな方法がある．

　ところで計画的に交雑して一代雑種種子を得ようとするには，花の構成と受精の機作を十分知らなければならない．まして異なる遺伝子型同士を組合わせるのだからなおさらである．それにはどんな機構があるかを知り，それを上手に働らかさせなければならない．

1. 雌雄異株と雌雄異花の場合

　野菜のアスパラガスの食用部分は，もっぱら雄株の若茎である．それでは雌株は？結局雌株は生産に必要な種子を得るためにのみ存在理由がある．そして最終的には，雄花のみを着ける株となる遺伝子型の系統を選抜・育種することになる．アスパラガスほどではないものの，雌雄異株の程度がさまざまであるホウレンソウも同じである．

　メロンなどのウリの仲間は，多くは雌雄異花といってよい．雌花の開花に先立って雄花が咲き，やがて雌花が咲き出す．そして雌花の受精能力期間は長く，雄花が次から次と咲くこと，そのうえ系統によって開花時期が異なるから，ハイブリッドの種子を得ることはたやすい．もちろんトウモロコシも雌雄異花の仲間である．

(1) 雌雄異株の場合

アスパラガスにはヒトと同じ性染色体X，Yが存在し，この両染色体の発現を抑制するH, H_1, H_2遺伝子が働いて，超雄性・雄性・雌性となる．そしてこの性決定遺伝子の働きは，生長物質，たとえばジベレリン・PBAで処理すると変更できる（Lazarte and Garrison 1980）．しかし1999年に北海道農業試験場（当時）が育種したアスパラガスのハイブリッド，ズイユウでは，図3－2－1にあるように雄性株の発現が優性ホモ接合（超雄と名付けている）とヘテロ接合によるもので，劣性ホモ接合で雌性株になる（伊藤 2000，浦上ほか 1999）．雄株系統の中には確かにMmのヘテロ接合とMMのホモ接合とがあって，そのヘテロ接合の遺伝子型の中に結実可能な雄花と，雌しべが完全に退化した雄花とがある．結実可能なヘテロ接合の花を自殖すると，超雄性株・雄性株・雌性株が分離する．そして超雄性株の花粉を雌性株の雌花に受粉して得られた種子から，ヘテロ接合で単純な雄花の個体と結実可能な雌花を持つ個体，それにこれらの両者を併せ持つ個体を使い分けなければならない．

(2) 雌雄異花の場合

トウモロコシやキュウリ・カボチャが身近な例である．いずれの場合も，環境条件によって両全花を分化することがある．

これまでにも述べてきたように，トウモロコシは雄穂が頂部につき何節か下の節に雌穂が発生する．したがって人為的に交雑種子を得ようとした場合，雄性不稔を利用するか雄穂を開花前に抜き取る（除雄，detasselingという）かすれば，他の株あるいは系統の花粉のみを受粉でき，ハイブリッドの種子を得るのに好都合となる．しかし雌穂は，祖先種と目されるテオシントの分げつに共通するので，条件によっては雄穂

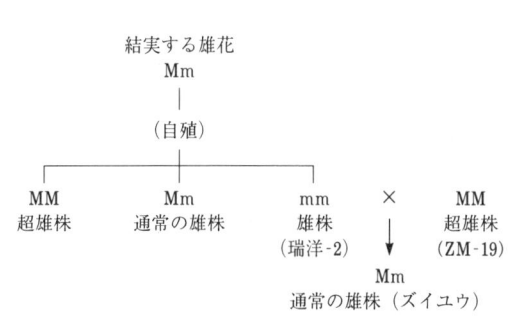

```
            結実する雄花
               Mm
                │
              （自殖）
    ┌──────────┼──────────┐
   MM          Mm          mm        ×    MM
  超雄株      通常の雄株    雄株            超雄株
                          （瑞洋-2）         (ZM-19)
                              ↓
                             Mm
                         通常の雄株（ズイユウ）
```

図3－2－1　雌雄異株のアスパラガスでハイブリッド品種ズイユウに見られる花器形成を支配する遺伝子の働きとその表現（伊藤 2000）

に雌性器官，雌穂に雄性器官が発生してしまう（Neuffer *et al.* 1997）．

キュウリ・カボチャのようなウリ科（*Cucurbitaceae*）は，先に述べたように雌雄の両花が同一個体に分化しても，開花時期の差によって交雑がしやすい．それに両全花が同一個体に分化して生じることもある．

2. 不和合性遺伝子の功績

両全花の植物種の中には，まず花粉を受け入れる個体の雄しべを駄目にするかあるいは花粉を作らせないか，さらに受粉をしても受精にいたらないか，さらに不完全ながら受精にいたってもその程度がさまざまとなるなど，他殖となるためにそれぞれの種でいくつかの遺伝的な機作が働いている．その中のひとつが不和合性であることは，すでに述べた．

不和合性には，異形花不和合性と同形花不和合性とがある．前者は葯と柱頭との位置関係という物理的な要因で，自花の花粉が自花の柱頭に受粉できず，他花（ほかの個体の花）の花粉を受粉・受精して他殖となる．同形花不和合性は，まさに受精を制御する花粉親の持つ遺伝子型と種子親の持つ遺伝子型との対応で，他殖性を維持している．

（1）異形花不和合性の場合

よく引用される異形花不和合性の例としてのソバ（*Fagopyrum esculentum*）では，葯を支える花糸が長くて花柱が短い短花柱花 pin と，それとは逆に葯を支える花糸が短く花柱が長い長花柱花 thrum とがあり，二形花型といわれる．単に物理的なことで十分かどうかは多少疑問だが，形式的に pin の遺伝子型は ss とホモ接合で，thrum の遺伝子型は Ss のヘテロ接合とされている．SS のホモ接合型は生存しない．もっとも著者（山田 1987）が知り得たところによると，不和合性の S，花柱長の G，花糸長の A，花粉粒の大きさ P の4個の遺伝子が働き，長柱花型は劣性ホモ接合で発現するらしい．最近，禹（2002）は，ソバ属の異形花不和合性の遺伝子を，s, S, S^h としている．さらに Aii（2004）によると，S 遺伝子は5個の AFLP と3個の Anchor-SAMPL マーカーに連鎖しているとした．

このような二形花型のほかに三形花型もある．たとえばホテイアオイの花

図3−2−2 異形不和合性のうち,三形花型のホテイアオイ(*Eichhornia crassipes*)の花
花柱の長さと葯の位置に注目.雌ずいの花柱は紫色で柱頭は白く,雄ずいでは逆に花糸は白く葯は紫色である.(坂口進の好意による)

は三形花型で,長い雌しべの花の雄しべは,中位と短いとになり,自分の花粉は受粉にあずからない(De Nettancourt 1977)ことがよくわかる.図3−2−2には雌しべが「長花柱」と「中花柱」のものが示されていて,「短花柱」に入る雌しべはブラジルでは見られる(坂口進の私信による).とはいっても同形花不和合性の場合ほど,遺伝子型の分析は進んではいない(日向 1998).

(2) 不和合性遺伝子の遺伝学

日向(1998)によると,不和合性遺伝子についての初めての報告は,1926年のEast and Mangelsdorfのタバコの実験である.この実験結果を日向(1998)から一部抜き書きした(図3−2−3).材料はX,Y,Zの3系統である.まずXにYを交雑,F_1 317個体を得た.この317個体のF_1からの花粉をX,Y,Zの雌しべに受粉したところ,XやZとの間で交雑種子が得られ,Yとの間では得られないF_1個体が317個体中の169個体で,残りの148のF_1個体ではXやYとの間で交雑種子が得たが,Zとの間では種子が得られなかった.そこでこの比率を1:1と判断した.次に逆交雑のYにXを交雑したF_1の場合で

も同様,個体数の比率が1:1と判断した.こうした交雑の組合わせをX,Y,Zのすべてで行い,その結果Xの不和合性遺伝子型をS^1S^2,YのそれをS^2S^3,ZのそれをS^1S^3とした.この推論は,得られた結果が実によく合っている.また,花粉(配偶体)の遺伝子が交雑を決定しているので,配偶体型と名付けられた.

日本では,Kakizaki(柿崎)(1930)がキャベツで不和合性を報告したのが最初である.その後多くの植物で自家不和合性の存在が確かめられて,ナス科・バラ科・ケシ科・マメ科・イネ科(いずれも遺伝子の働きは配偶体型)やアブラナ科・ヒルガオ科・キク科など数多くの植物で,不和合性遺伝子が他殖性を維持するために働いていることが知られた.日向ほか(1983)によると,アブラナ亜連(アブラナ属とその近縁植物属)62種中53種が自家不和合性であった.

先の図3-2-3のタバコの例では,不和合性遺伝子S^1を持つ花粉と雌しべの柱頭の不和合性遺伝子型に応じて,花柱の途中で花粉管が生長せずに終わるので配偶体型の不和合性という.花粉を生じる植物体(胞子体)の遺伝子型S^1S^2と花柱を構成する植物体の遺伝子型の対応で,花粉が柱頭上で発芽できない場合を胞子体型といっている.したがって自家不和合性を単純化して,花粉が持つ不和合性遺伝子(S)がどの時期に作用を始めるかによって,配偶体型と胞子体型とに分けられる.

(3) 不和合性遺伝子の生化学

アブラナ科の仲間の柱頭と花粉では,柱頭は奈良の大仏の頭髪のようで,乳

				X (S^1S^2)	Y (S^2S^3)	Z (S^1S^3)	個体数
X × Y	→	F$_1$	×	+	−	+	169
(S^1S^2) (S^2S^3)		(317個体)		+	+	−	148
Y × X	→	F$_1$	×	−	+	+	189
(S^2S^3) (S^1S^2)		(396個体)		+	+	−	207

図3-2-3 East and Mangelsdorf (1926) がタバコで行った自家不和合性遺伝子を確かめた実験の結果(日向 1998から一部を引用改写)

頭細胞と名付けて花粉が引っかかりやすく（図1-4-5），花粉はミツバチなどの体に着きやすいようにベトついている．日向（1998）は，花粉と乳頭細胞との関係で，花粉も乳頭細胞もたがいに自己・非自己を確かめ合っているとしている．

不和合性遺伝子は単にS遺伝子としてきたが，染色体上にS遺伝子が乗っている座位はかなりの幅がある．花粉で働くSP11（SP1／SCRともいわれる）と名付けられた遺伝子と，SRKと名付けられた遺伝子が，同じ染色体連鎖群の中ですぐ近くに座位しているので，常に一緒に遺伝している．そして，花粉側ではSP11が働いてSP11タンパク質を作り，花粉の外壁に沈着する．受粉された花粉からSP11タンパク質が柱頭の表面に着く．

一方，雌しべの乳頭細胞では，SRK遺伝子（Sレセプター・キナーゼ）の産物であるSRKタンパク質が作られている．SRKタンパク質は乳頭細胞の原形質膜を貫通しているタンパク質で，原形質膜の外側部分と内側部分とから構成されている．花粉からきたSP11タンパク質はSRKタンパク質の外側部分で認知し確かめ合い，その情報を内側部分に知らせる．内側部分では，リン酸が着いたり離れたりしてその情報を乳頭細胞のいろいろな部分に知らせる（図3-2-4）．

さらにS遺伝子の中には，SLG（S糖タンパク質遺伝子）といわれるものが

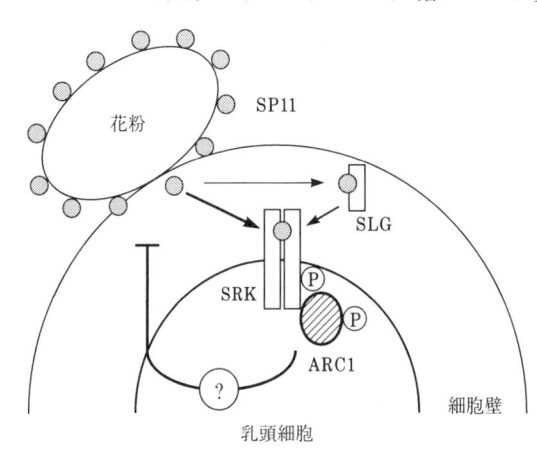

図3-2-4 自己花粉認識モデル（日向編 2001）
自己花粉が付着することにより，その花粉表層にあるSP11が乳頭細胞表面にあるSLGとSRKのSドメインによって認識される．そのシグナルはSRKのキナーゼドメインに伝達され，自己リン酸化する．活性型となったSRKはキナーゼドメインと相互作用するARC1タンパク質をリン酸化し，その結果として自己花粉の侵入を阻害すると考えられる．

あり，SRK タンパク質の外側部分によく似たタンパク質を作る．このS糖タンパク質は SRK と同じように雌しべの乳頭細胞で作られるが，SRK のように膜を貫通したものでなく，細胞の外側に（細胞壁に）分泌される．

SLG 遺伝子が作るタンパク質は，SP11 タンパク質と SRK タンパク質が自己・非自己を確かめ合うことを助けているらしい．実際には，まず分泌型の SLG が発見され，これに似たものとして SRK が見出された．事実，SLG は SRK よりも多量に作られていたこと，それに SRK そのものが膜タンパク質であったことから，発見が遅かった．そして最後に SP11 が見出された．なお S^1, S^2 ･･･ と S 遺伝子は100個に及ぶとされていて，アミノ酸配列を見ると SP11 も SRK も構造としては多型となっている．（著者注：この項は日向康吉による）

（4）不和合性遺伝子型の自殖種子を得る

アブラナ科の中には，まだ幼い蕾の花柱に成熟した不和合の花粉を受粉させると受精（蕾受粉）し，受粉させずに日数をかけて老化させた柱頭に同じように不和合の成熟した花粉を乗せると，やはり受精する（老熟受粉）．採取量が少なくてもよいときには有効だが，大量に得ようとすると利用できない．

Nakanishi and Hinata (1973) は炭酸ガスが不和合性を消去してしまうことを見出した．普通には不和合である花粉を柱頭に受粉後，容積率で3～5％の炭酸ガスで処理すると，不和合であるはずの雌しべで種子が得られる．乳頭細胞のある種のタンパク質が不和合の認識を放棄してしまうとされている．また中国大陸では，方法の細かいことは不明だが，NaCl 処理で不和合性を解消しているという（日向康吉の私信による）．

多くの植物で，こうした自家不和合遺伝子が存在していることから，この遺伝子を使ったハイブリッド種子の生産が広く用いられてきた．日本のアブラナ科の野菜では，20世紀の半ばからハイブリッド種子の生産に大いに利用されてきた．しかし最近，アブラナ科でもいくつもの雄性不稔性（核遺伝子雄性不稔と細胞質雄性不稔とのいずれかは問わない）が明らかになり（たとえば大川 1985），遺伝様式も整理されて，雄性不稔性を利用したハイブリッド種子の採種が多くなってきているという（荒川弘・宮崎省次の私信による）．

3. 完全なヘテロ接合を保証する雄性不稔性

トマト・タマネギ・ニンジン・テンサイ・ソルガムなどはいうまでもなく，イネ・コムギのような自殖性の作物でハイブリッドの種子を生産するために最も確実なのは，種子親には受精能力が完全な雌しべを持ち，しかも花粉あるいは薬を作らせない遺伝的特性としての雄性不稔性を付与することである．そして収穫の対象が子実なら，F_1になったときにはまともな花粉を生じさせる遺伝子を，花粉親から供給させる必要がある．

Kaul (1988) によると，雄性不稔性は被子植物の43の科にも及び，そして雄性不稔性には，核遺伝子雄性不稔，細胞質雄性不稔，それに核＝細胞質雄性不稔がある（図3-1-2）．3番目の場合，もともと細胞質に雄性不稔遺伝子があっても，核にその作用を打ち消す稔性回復遺伝子の有無で，雄性可稔にも雄性不稔にもなる．そこでこれを単に細胞質雄性不稔と名付けて，稔性を回復させる遺伝子がその細胞の核内にあって，細胞質にある遺伝子の発現を変えているのにすぎないと，見ることとする．

(1) 核遺伝子雄性不稔

この遺伝子は劣性遺伝子である場合にのみ，実用的なハイブリッド種子の生産に有効である．つまり，種子親の遺伝子型が*msms*，花粉親の遺伝子型が*MsMs*または*Msms*であるから，得られるF_1種子は*Msms*または*msms*となって，前者の場合はすべて可稔となるが後者ではF_1個体の半分は不稔である．また雄性不稔性が逆の優性遺伝子であると，種子親は*MsMs*または*Msms*で，花粉親は*msms*ということになる．こうしてみると，子実生産を生産対象とする作物では，利用するわけにはいかない．形式的には，タマネギ・ニンジン・ダイコン・テンサイといった栄養体を生産対象とする作物で，利用することができる．

しかし核雄性不稔性は，環境条件によっては雄性可稔になってしまうことがある．丸山ほか（1989）が見出したイネの核遺伝子雄性不稔性は，日最高気温が30℃ならば不稔だが，25℃になると花粉を十分形成して稔性が回復してしまう．つまり，雄性不稔遺伝子系統をある環境条件のもとで栽培すれば，

確実に稔性が回復して可稔となって自殖の種子を得ることができる．また Shi（石）(1973) が発見した日長感応性雄性不稔遺伝子は，人工的に 13 時間 45 分以上の照明条件下とすると不稔となり，13 時間 30 分以下とすると可稔となる．

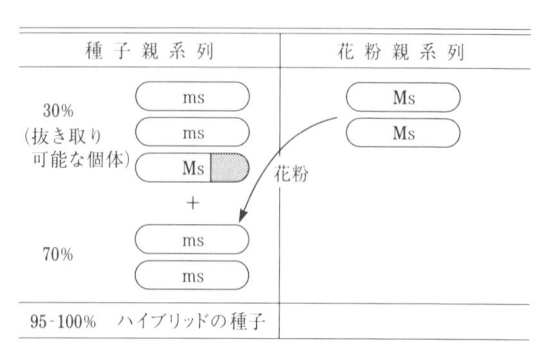

図 3-2-5　オオムギで三染色体平衡のシステムを使ったハイブリッド種子の採種形式 (Ramage 1983)

　これら 2 つの例では，種子親の種子を採種するときには可稔となる条件を与え，F_1 種子を採種する栽培では種子親が不稔となる温度条件あるいは日長条件を与えればよい．そのハイブリッド品種は種子親由来の不稔性は働かず可稔となって，子実生産に問題はない．中国大陸では，種子親と花粉親の 2 系統のみを用いた F_1 種子を採種する方法なので，二系法と名付けている（池橋 2000）．

　さらにオオムギの例では，実用的な方法として，染色体に座乗する雄性不稔遺伝子の発現に三染色体平衡 (BTT, Balanced Tertiary Trisomic) の働きを利用したハイブリッドの種子生産が考案されている (Ramage 1983)．それ（図 3-2-5）によると，種子親には三染色体をヘテロに持つ系統が用いられ，花粉親は雄性可稔遺伝子を持つ系統とする．種子親のうち Ms という雄性可稔の遺伝子を乗せている付加染色体には，草丈が短く出穂期を遅らせる遺伝子が連鎖している．したがって，種子親の中に混じっている可稔個体を取り除くことができる．

(2) 核＝細胞質雄性不稔

　現在の多くの作物で用いられている雄性不稔を起こさせる要因は，この雄性不稔が主流である．一口にいって使い勝手が大層よい．種子親には，

　　細胞質：不稔細胞質＋核：稔性回復遺伝子（劣性ホモ接合），一般形質は共通（雄性不稔系統）

　　細胞質：正常細胞質＋核：稔性回復遺伝子（劣性ホモ接合），一般形質は共通（雄性不稔維持系統）

という 2 系統で常に雄性不稔系統を維持している．つまり雄性不稔維持系

統は，細胞質が正常であるから稔性回復遺伝子が劣性ホモ接合でも常に可稔で花粉が生じ，その花粉を雄性不稔系統に受粉して，核の遺伝子型は常に同じ雄性不稔系統を維持できる．

一方，花粉親には，

細胞質：正常細胞質または不稔細胞質＋稔性回復遺伝子（優性ホモかヘテロ接合）（稔性回復系統）

であることが必要である．さらに一般組合わせ能力そして特殊組合わせ能力について，組合わせ能力がわかっている両親系統のうち，種子親としようとする系統の細胞質を，戻し交雑の手法で稔性不稔細胞質に置換して種子親とすることは，比較的やさしい．次の節では，雄性不稔性によるハイブリッドの種子生産に的をしぼる．

参考文献

Aii, J.（相井城太郎）2004. Recent advances in overcoming breeding barriers in buckwheat. Proc. 9th Intern. Symp. Buckwheat. Prague. 22 − 25.

De Nettancourt, D. 1977. Incompatibility of Angiosperms. Springer‐Verlag, Berlin. 230pp.

Hinata, K. et al. 1993. A review of recent studies in homomorphic self‐incompatibility. Intern. Review Cytol. 143 : 257 − 296.

日向康吉 1998. 菜の花からのたより. 裳華房，東京. 184pp.

日向康吉編 2001. 花・性と生殖の分子生物学. 学会出版センター，東京. 258pp.

日向康吉ほか 1983. アブラナ科植物の自花不和合性に関する育種学的研究. 育雑 39（別1）: 2 − 5.

日向康吉ほか 1994. 被子植物の自家不和合性の進化. 蛋白質核酸酵素 39 : 2638 − 2647.

池橋宏 2000. イネに刻まれた人の歴史. 学会出版センター，東京. 119pp.

伊藤喜三男 2000. グリーンアスパラガスの新品種「ズイユウ」の育成経過とその特性. 農耕と園芸 56（2）: 116 − 119.

Kakizaki, Y.（柿崎洋一）1930. Studies on the genetics and physiology of self‐ and cross‐incompatibility in the common cabbage (*Brassica oleracea* L. var. *capitata*) Jpn. Jour. Bot. 5 : 133 − 208.

Kaul, M.L.H. 1988. Male Sterility in Higher Plants. Springer‐Verlag, Berlin. 1005pp.

Lazarte, J.E. and S.A. Garrison 1980. Sex modification in *Asparagus officinalis* L.

J. Amer. Soc. Hort. Sci. 105 : 691 – 694.

Loepteen, H. 1979. Cytogenetical studies on sex determination in asparagus. Proc. 5th Intern. Asparagus-Symp. 21 – 70.

McCubbin, A.G. and T. Kao 2000. Molecular recognition and response in pollen and pistil interactions. Annu. Rev. Cell Dev. Biol. 16 : 333 – 3334.

丸山清明ほか 1989. 放射線照射で得られたイネの温度反応雄性不稔系統. 育雑 39 (別1) : 462 – 463.

Nakanishi, T. and K. Hinata 1973. An effective time for CO_2 gas treatment in overcoming self-incompatibility in Brassica. Plant Cell Physiol. 14 : 873 – 879.

Neuffer, M.G. et al. 1997. Mutants of Maize. Cold Spr. Harb. Lab. Press, New York. 468pp.

西貞夫ほか編 1987. 園芸学大辞典. 養賢堂, 東京. 2000pp.

大川安信 1988. Brassica campestrisにおける雄性不稔細胞質の発見とB. napus雄性不稔細胞質との比較. 農技研報 D36 : 1 – 50.

Ramage, R.T. 1983. Heterosis and hybrid seed production in barley. Frankel, R. ed. "Heterosis, Reappraisal of Theory and Practice." Springer-Verlag, Berlin. 71 – 93.

Shi, M.S. （石明松） 1985. The discovery and the study of the photosensitive recessive male sterile rice（Oryza sativa L. subsp. japonica）. Sci. Agric. Sin. 2 : 97 – 98.

志賀敏夫・馬場知 1973. ナタネの細胞質雄性不稔性とその利用. 育雑 23 : 187 – 197.

Takahashi, T. et al. 2000. The S receptor kinase determines self-incompatibility in brassica stigma. Nature 430 : 913 – 916.

禹仙熙 2002. 生殖障害克服による自殖性ソバ系統育成に関する研究. 育雑 4（別1）: 8 – 9.

浦上（清野）敦子ほか 1999. 全雄系一代雑種アスパラガス'ズイユウ'の育成. 園学雑 68（別2）: 115.

渡辺正夫ほか 2001. アブラナ科植物の自家不和合性. 日向康吉編「花・性と生殖の分子生物学」. 学会出版センター, 東京. 179 – 201.

山田実 1987. ソ連における作物遺伝研究の動向〔1〕. 農業および園芸 62 : 471 – 479.

第3節　ダメ雄となる遺伝子の有用性

　前の節では，ハイブリッドの種子を確実に生産できる遺伝的機作がいくつかあるとした．その中で，確実にハイブリッドの種子を生産するための遺伝的機作は，雄性不稔性であるとした．この特性により本来の生殖システムを無視して，どんな作物でもハイブリッドという品種の形式を取り入れることが可能となった．雄性不稔性については，その特長を十分に知ってハイブリッド種子の採種方法として生かされている．そのため，これまでに断片的に雄性不稔性に触れてきた．前の節では雄性不稔性を分類したが，核内の回復遺伝子と無関係な細胞質雄性不稔は，ここでも立ち入らない．もっぱら核遺伝子雄性不稔と，核＝細胞質雄性不稔についてのみとする．

1．核雄性不稔遺伝子の制御の方法

　形式的にはすでに図3-1-2で示した発現をいかに利用するかである．オオムギの例では，葯が退化して小さく，stomium（葯室を分けている間隙）に欠けていることから，あらかじめ蕾の段階で知る方法もある．しかし，こうした手立てによってハイブリッド種子を大量に得ようとするには，不向きである．雄性不稔を引き起こす遺伝子が別の作用機作を持っている（遺伝子の多面発現という）があると，好都合である．そのような例はいくつかある．

　先にあげた Kaul（1988）によると，核雄性不稔遺伝子の発現が温度に左右されるのが12種（イネの丸山ほか（1989）の論文ははまだこの書には入っていない），日長時間に左右されるものが3種（ここにもまだイネの名はない），原因が特定できないもの22種としている．その後もいくつも見出され，主として中国でソルガム・アブラナ類・コムギ・トウモロコシで，ダイズでもあるという（Virmani and Ilyas-Ahmed 2001）．

　まず丸山ほか（1989）の温度感応雄性不稔遺伝子の例は，品種レイメイに20kRのガンマ線を照射した個体の次の世代の中から，温度環境によって雄性不稔性が発現したりしなかったりするものを選び出した．その温度の条件は

日最高気温が25℃ならば花粉は正常だが，30℃になると花粉ができず雄性不稔になる．この系統は1990年に水稲中間母本農12号と命名された．その後，Yamaguchi et al.(1997)によって，第7染色体に座乗していることもわかった．

次は中国の湖南省でShi(石)(1985)が見出した日長感応性雄性不稔遺伝子である．日本から導入した53品種のひとつ農墾58(なぜか日本からの品種なのに，導入番号のみで品種名は明らかにしていない)で，毎日13時間45分の人工照明の下で栽培すると花粉は不稔(1遺伝子座によって支配)，13時間30分以下で栽培すると正常花粉となる．

これら2つの遺伝子による雄性不稔はいずれもEGMS(環境反応遺伝子雄性不稔)と名付けられた．環境条件によって花粉が可稔になったり不稔になったりするからである．つまり種子親の種子を採種するときには花粉が可稔になる環境条件下で栽培し，ハイブリッドの種子を採種栽培するときには花粉が不稔となる環境条件下で栽培すればよい．

志賀・馬場(1971)が発見したナタネの細胞質雄性不稔では，日平均気温が20℃以上となると雄性不稔系統は花粉の稔性が回復することから，雄性不稔系統を維持するのに，早春期に日平均気温が20℃以上となるビニールハウスで栽培・採種していた．

2. 核＝細胞質雄性不稔遺伝子の科学

細胞質に雄性不稔性を支配する遺伝子があり，核にその不稔性を制御する遺伝子があって，両者の働き合いで雄性可稔にも雄性不稔にもなる．細胞質に分布している遺伝子は，さまざまな核以外の細胞小器官(オルガネラ)の中にあるので，A×BとB×Aとの違い，つまり交雑の正と逆の交雑方向の違いで，細胞質の遺伝子の存在が確かめられる．先に紹介したように，ナタネの正交雑と逆交雑での種子の採れ方の違いから細胞質雄性不稔遺伝子が発見された．

重複受精の過程で，精核のみが胚珠の中の卵細胞に入って融合し，精核以外の花粉管を構成する細胞質は置き去りにされるか，胚珠側が花粉管の細胞

質と認識してある種の酵素を分泌し,分解・消滅させてしまうかである.とはいっても黒岩・酒井(1996)によれば,細胞の内容物としての核以外のオルガネラのDNAが,やはり卵細胞に入り込むことを,ツツジやゼラニウムについて蛍光顕微鏡下で確かめた.そして,細胞質遺伝子について,母性遺伝型(たとえばイネ)と両性遺伝型の両方があるとしている.

(1) 雄性不稔細胞質を確かめる

細胞質雄性不稔性を確かめたのは,1916年にCorrensが*Cirsium*(アザミの仲間)について自然状態で見出し,その属の中で種間の交雑をして,その後代でも見出したのが初めである(Kaul 1988).その後46の植物種で相次いで発見され,種内の交雑で23例,種間の交雑で137例,属間の交雑で37例と実に数が多い.

トウモロコシの雄性不稔細胞質については,1933年にペルーで発見されてから相次いで4つ,合計すると5つ発見されている.そのうち著名なものがT型(テキサス型)とS型(USDA型),その後に発見されたC型で,これらを含めトウモロコシの既存の細胞質雄性不稔はこれらの型のいずれかに入るとされている(Beckett 1971).T型はメキシコの品種Golden June,S型は遺伝子分析用の材料(*iojap* × *teopod*)の後代,C型はブラジルのCharruaに由来する.

こうした細胞質雄性不稔遺伝子は,核内にある稔性回復遺伝子に対する稔性の回復反応,および細胞質内のミトコンドリアDNAの同定から判断される.核内に存在する稔性回復遺伝子の働き方は,T型とC型が胞子体型であるのに対して,S型は配偶体型である.

胞子体型では,F_1の個体が持つ雄性稔性回復遺伝子についてヘテロ接合(*Rfrf*)であっても,そのF_1個体に生じる花粉はすべて可稔花粉になる.一方の配偶体型では,花粉そのものに振り分けられる稔性回復遺伝子によって決められるため,F_1の個体に生じる花粉の半数は可稔花粉(*Rf*),残りの半数は不稔花粉(*rf*)で,花粉量は半減する.なおここで注意しておきたいことは,不和合性遺伝子でいう胞子体型と配偶体型と,細胞質雄性不稔の稔性回復遺伝子に関しての胞子体型と配偶体型とは,発現の仕方がちがうので少しばかりややこしい.

トウモロコシのT型細胞質には1970年に大きな事件があった．この細胞質を持つトウモロコシが，ゴマハガレ病菌 Diopolis maydis（旧学名 Helminthosporium maydis）のうちのTレースによって激しく発病し，アメリカでは平年値の15％の収量減となった．この病害は普通は開花期以後に葉身のみ褐変させて光合成を阻害するのみであるが，T型細胞質を持ったトウモロコシの系統にゴマハガレ病菌のTレースが罹病すると，開花期以前から発病し雌穂中にも発症してまったく収穫に至らない．

この事件は日本でも同時にT型細胞質を利用したハイブリッド交7号で起こった．日本には著者が所属した研究室を通じて育種の現場に提供されたことから，その責任の一端があるだろうと現地に赴き，農業協同組合首脳部に「不明であった」と陳謝した．このハイブリッド交7号を品種とする会議で，村上寛一は「その細胞質は，本当に雄性不稔性だけの欠陥か？」と呟いた．生物に対する科学的な洞察力の大切さを示す好例である．またこの欠陥は，1961年にフィリピン大学の Mercado, Jr. and Lantican（1961）が Philippine Agriculturist に報告をしていた．著者はその論文を見落としていたし，Duvick（1965）はその総説で「フィリピンでのこのような病徴は，生育が十分でないために起こった二次的なもの」として無視していた．論文の読み方として心すべき教訓である．

トウモロコシの細胞質雄性不稔は，大別してC型，S型，それにT型の3つである（Beckett 1971）．Gontarovsky（1971）は，別の細胞質モルダビア型を見出したとしたが，種子を取り寄せて調べたところやはりS型であった．これらのうちのいずれの型なのかは，4つの自殖系統，WF9，W22，K55，Tr

♀＼♂	WF9	W22	K55	Tr	想定される細胞質の型
対象とする系統X1	＋	＋	＋	＋	核遺伝子の雄性不稔性
対象とする系統X2	－	＋	＋	－	C型細胞質
対象とする系統X3	－	－	－	＋	S型細胞質
対象とする系統X4	－	－	＋	－	T型細胞質

記号＋はF_1が可稔であった場合で,記号－は同じく不稔であった場合を示す．

図3-3-1　トウモロコシの雄性不稔細胞質の有無とその型を稔性回復遺伝子の存在で確かめる方法（Garbery=Laugnum and Laugnum 1993）

第3節　ダメ雄となる遺伝子の有用性 （145）

を花粉親として交雑し，得られたF₁個体の稔性の回復の仕方で確かめることができる（図3－3－1）．

これら4自殖系統は，核内に持つ稔性回復遺伝子の構成が違う．そのため，すべての交雑で可稔の場合は，細胞質雄性不稔ではなく核遺伝子雄性不稔，W23とK55とのF₁のみが可稔ならばC型，TrとのF₁のみが可稔ならばS型，K55とのF₁のみが可稔ならばT型と判断する（Garbey = Laugnum and Laugnum 1993）．

ゴマハガレ病菌の異なるレースを接種して，その発病から判定する方法もある．さきにあげたT型細胞質事件を逆手にとったもの（Ohmasa 1982）で，さらにそれと並行してミトコンドリアの酵素活性に着目して判定する．この方法では，交雑の手間が省ける．さらにトウモロコシでは，ミトコンドリアに分布するDNAの相同性によって，確かめる方法もある．

（2）細胞質雄性不稔遺伝子のDNA

ゲノム解析の手法にとってまず考えることは，ゲノムサイズである．高等

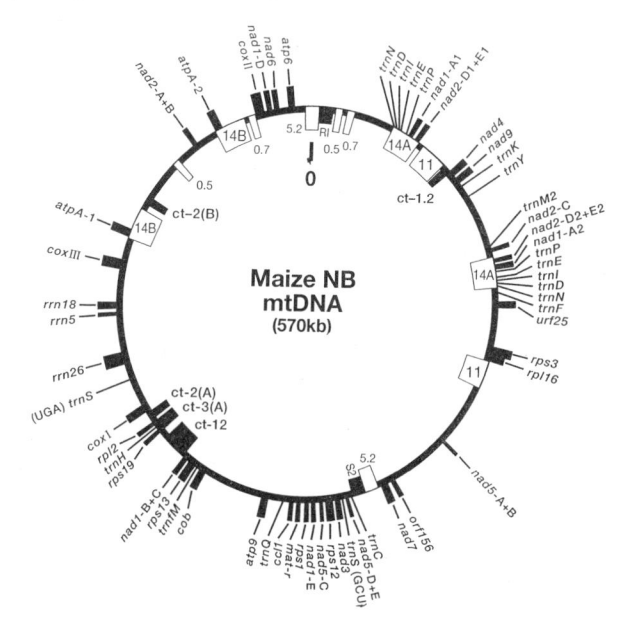

図3－3－2　トウモロコシのミトコンドリアDNAの解析結果（Neuffer *et al.* 1997）

植物のうちでは，イネの核遺伝子のゲノムサイズは小さく4億3千万塩基対（43,000kbp）で，主要穀物のなかでは際立って小さい．さらに，核以外のオルガネラに分散しているDNAのゲノムサイズは，核ゲノムよりはるかに小さいため，ゲノム解析も比較的早い時期に完成している．図3－3－2には，トウモロコシのミトコンドリアDNAの解析結果で，正常細胞質であるNBのゲノム地図であって，ゲノムサイズは570kbpである．このほかに正常細胞質のNA，雄性不稔細胞質の3つの型が知られていて，ミズーリ大学のNeuffer（1997）が中心となって編集した"Mutants of Maize"に公表されている．

（3）細胞質雄性不稔遺伝子を導入する方法

細胞核以外のさまざまなオルガネラに存在する遺伝子を，交雑によってある系統から別の系統に導入する方法には，戻し交雑をくり返すのが普通である．形式的には，戻し交雑を反復することによって，目的とする細胞質遺伝子を持っていながら，新しい核の成分を1/2，3/4，7/8，15/16，…と高め，$(n^2-1)/n^2$となる．しかしいくつかの遺伝子の間で，同じ染色体上に乗った連鎖関係となっていて，しかもその一方の遺伝子が不要な遺伝子であるとなると，戻し交雑によって取り除くのはなかなか容易ではない．

最近30年のテクノロジーの発展によって，オルガネラのDNAをひとつの細胞に2つの異種の細胞を融合させる手法などがあり，こうした核置換にも用いられるようになった．戻し交雑によらないため，有用な形質を支配する核遺伝子の連鎖を考慮する必要がない．

3．バイオテクノロジーの世界

20世紀末の20年ともなると，細胞操作からDNA操作にいたるさまざまな手法，それに遺伝子を構成するDNAそのもののゲノム解析が飛躍的に発展した．雄性不稔遺伝子もその対象となった．

まずはじめは，細胞操作としての細胞融合がある．形式的に整理すると，両方の細胞質を融合させる代わりに，核は一方の親からのものとした細胞質雑種（サイブリッドcybridともいう）と，親の細胞核を不活性化し別の親の細胞質を不活性化して融合する非対称融合とがある．後者は，戻し交雑を細胞操

作で完成させることと同じと見てよい.

　イネ科牧草のライグラス類とフェスク類との間で,非対称融合によって,ライグラス類の雄性不稔細胞質を加えたフェスク類を作ろうとした(高溝1996).図3-3-3によると,明らかにライグラス類からの細胞質のオルガネラが,フェスク類に入っていることがわかる.ライグラス類のオルガネラのDNAは,図中の7の泳動像で確かめられ,融合させて育てた植物のオルガネラには,トールフェスク(フェスク類の1種)とは別のDNAを含んでいるので,ライグラス類のオルガネラDNAが入ったことになる.

　DNAを操作して雄性不稔系統を作出したのには,ナタネに例がある.1998年,野菜茶業試験場(当時)の隔離畑に,ベルギーのベンチャー会社が作ったナタネが栽培された.そのナタネは,遺伝子雄性不稔の遺伝子を持つ系統とその稔性回復遺伝子を持つ系統の2系統で,いずれも除草剤グルホシネートに耐性の遺伝子を同時に併せ持つ.ところでタバコやナタネの持つTA29遺伝子は,雄ずいの葯の内側にあるタペート細胞を制御する.そしてこの遺伝子の働きを阻害するTA29-RNアーゼ遺伝子によって花粉ができず,結果として不稔となる.

　Mar-Ani et al.(1992)は,Bacillus amyloliquefaciens のRNアーゼのDNAコードを,Ti-プラスミドを仲立ちとしてナタネに導入した.こうした遺伝子は,TA29-バーナーゼ遺伝子とTA29-バースター遺伝子と名付けられ,前者は花粉の生成を抑えて雄性不稔性を発現し,後者はその効果を消す稔性回復性を持つ.こうした2つの遺伝

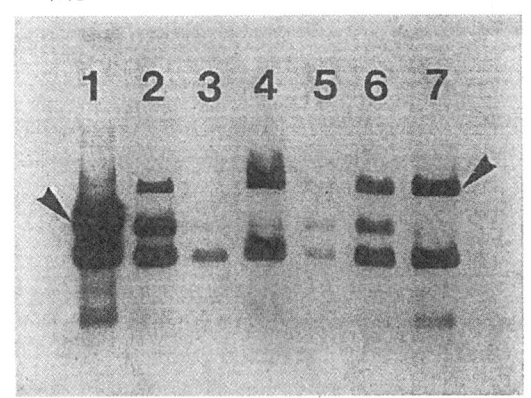

図3-3-3　培養細胞の非対象融合の例(高溝 1996)
1はトールフェスク,7はイタリアンライグラスで,2～6は融合植物.2～6はトールフェスクとイタリアンライグラス両者の遺伝子を持っている.ミトコンドリア遺伝子をサザン解析(DNA同士の塩基配列が相同性が高いことを利用して遺伝子の存在を確かめる方法)で確かめた.

子を個々に持つ2系統を組合わせたハイブリッドが品種ドラッカーであった.

その後,こうしたテクノロジー,とくにDNA操作による雄性不稔系統に関する研究は大幅に進んでいて,酒井・今村(2003)がナタネの雄性不稔についての研究を概観している.こうした新しい遺伝子を意図的に作出する方法と,志賀・馬場(1971)がはじめて発見したように,既存の植物種に潜在している雄性不稔遺伝子を見出す方法との利害得失を確かめることが,今後に残された課題かも知れない.

参考文献

Beckett, J.B. 1971. Classification of male-sterile cytoplasms in maize (*Zea mays* L.). Crop Sci. 11:724 - 727.

Duvick, D.N. 1965. Cytoplasmic pollen sterility in corn. Ad. Genet. 13:1 - 56.

Garbey=Laugnum, S. and J.R. Laugnum 1993. Male sterility and restorer genes in maize. Freeling, M. and V. Walbot ed. "The Maize Handbook". Springer-Verlag, New York. 418 - 423.

Gontarovsky, V.A. 1971. (Genetical classification of CMS (Cytoplasmic Male Sterility) sources in maize.) (In Russian with English summary) Genetika 7 (9):22 - 30.

Jones, D.F. *et al.* 1957. Pollen restoring genes. Bull. Conn. Agric. Expt. Stn. 650:43.

金田忠吉 1994. 雄性不稔と稔性回復遺伝子. 松尾孝嶺監修, 稲学大成 Ⅲ. 農文協, 東京. 465 - 473.

Kaul, M.L.H. 1988. Male Sterility in Higher Plants. Springer-Verlag, Berlin. 1005pp.

木下俊郎 1986a. 作物の遺伝的不稔性 (1). 化学と生物 24:612 - 617.

木下俊郎 1986b. 作物の遺伝的不稔性 (2). 化学と生物 24:669 - 676.

黒岩常祥・酒井敦 1996. 色素体の細胞科学-人類存続の科学へ. 遺伝 (別8):22 - 35.

Laser, K.D. and N.R. Lersten 1972. Anatomy and cytology of microspermatogenesis in cytoplasmic male sterile angiosperms. Bot. Rev. 38:425 - 454.

Mari-Ani, C. *et al.* 1992. A chimaeric ribonuclease-inhibitor gene restores fertility to male sterile plants. Nature 35:384 - 387.

丸山清明ほか 1989. 放射線照射で得られたイネの温度反応雄性不稔系統. 育雑39(別1):462 - 463.

Mercado, Jr. A.C. and R.M. Lantican 1961. The susceptibility of cytoplasmic male sterile lines of corn to *Helminthosporium maydis*. Phil. Agriculturist 45 : 235 – 243.

Neuffer M.G.E. *et al.* 1997 The Mutants of Maize. Cold Spr. Harb. Lab. Press, New York. 468pp.

Ohmasa, M. 1982. Biochemical studies of cytoplasmic male sterility of maize : Relation between cytoplasmic male sterility and mitochondrial enzyme activities. (with Japanese summary) Bull. Natl. Inst. Agric.(農技研報) D33 : 201 – 233.

酒井隆子・今村順 2003. ナタネ（*Brassica napus* L.）F_1育種：F_1種子採種体系の現状と問題点. 育種学研究 5 : 93 – 102.

Shi, M.S.（石明松）1985. The discovery and the study of the photo-sensitive recessive male sterile rice (*Oryza sativa* L. subsp. *japonica*). Sci. Agric. Sin. 2 : 97 – 98.

志賀敏夫 1976. ナタネの細胞質雄性不稔利用によるヘテローシス育種に関する研究. 農技研報 D27 : 1 – 101.

志賀敏夫・馬場知 1971. ナタネの細胞質雄性不稔系統について. 育雑 21（別2）: 16 – 17.

志賀敏夫 1973. ナタネの細胞質雄性不稔性とその利用. 育雑 23 : 187 – 197.

Smith, D.R. *et al.* 1971. Disease reaction of thirty sources of cytoplasmic male-sterile corn to *Helminthosporium maydis* race T. Crop Sci. 11 : 772 – 773.

高溝正 1996. トールフェスク育種における細胞融合ならびに遺伝子導入法の関する研究. 草地試研報 53 : 75 – 117.

Virmani, S.S. and M. Ilyas-Ahmad 2001. Environment-sensitive genic male sterility （EGMS） in crops. Ad. Agron. 72 : 139 – 195.

Wise, R.P. *et al.* 1999. The genetics, pathology, and molecular biology of T-cytoplasm male sterility in maize. Ad. Agron. 65 : 79 – 130.

Yamaguchi, Y. *et al.* 1997. Linkage analysis of thermosensitive genic male sterility gene, tms_2, in rice （*Oryza sativa* L.）. Breed. Sci. 47 : 371 – 373.

第4節　交雑しないで一代雑種の種子を作る

　この章の始めで，被子植物の生殖方法には自殖・他殖・アポミクシスの3通りに大別され，アポミクシスは受精という過程がないことから，その植物体の遺伝子型がそのまま種子（種子様のもの）に引き継がれるとした．このことは，交雑して新しい接合体を得るわけではないから，作物をハイブリッド化するのにはまったく不都合な性質であるが，しかしハイブリッドにした後に，ハイブリッドの植物体のコピーを無限に増やそうとする場合には，きわめて好都合である．

　またアポミクシスを使う考えのほかに，ハイブリッドになった植物体の細胞を人工培養によって大量に増殖して，ハイブリッドの人工種子（あるいは人工種苗）として使う考えがある．このことは，植物の持っている特性としてのアポミクシスを利用するのとは違うが，ハイブリッドの種子を交雑によらずに増殖できるので，ここで併せて触れておく．

1. アポミクシスの種類

　図3-4-1に，アポミクシスが起こっている場とその現われ方を整理した．20世紀当初の1908年にWinklerがアポミクシスという語を用いてから，さまざまなアポミクシスの現われ方が報告されている．単為生殖という卵細胞からの発育（核相は半数のn，以下同じ），無配生殖といって助細胞あるいは反足細胞からの発生（nまたは$2n$），それ以外の体細胞からの偽単為生殖（n），不定胚生殖である珠心細胞からの胚形成（$2n$）といくつも見当たる．中島（1987）によると，アポミクシス全体を，核相つまり$2n$かnかによって複相性アポミクシスと減数性アポミクシスとする．減数性のアポミクシスは核相が半数のnであるから，このアポミクト（アポミクシスによって繁殖する植物）を何らかの処理で染色体数を倍加すれば，完全なホモ接合となる．また珠心細胞に由来する不定胚は核相が複相の$2n$であって，由来する植物体と同じ接合性である．小島（2001）は図3-4-1の中で，不定胚生殖にはミカン・マンゴー，

第4節　交雑しないで一代雑種の種子を作る（ 151 ）

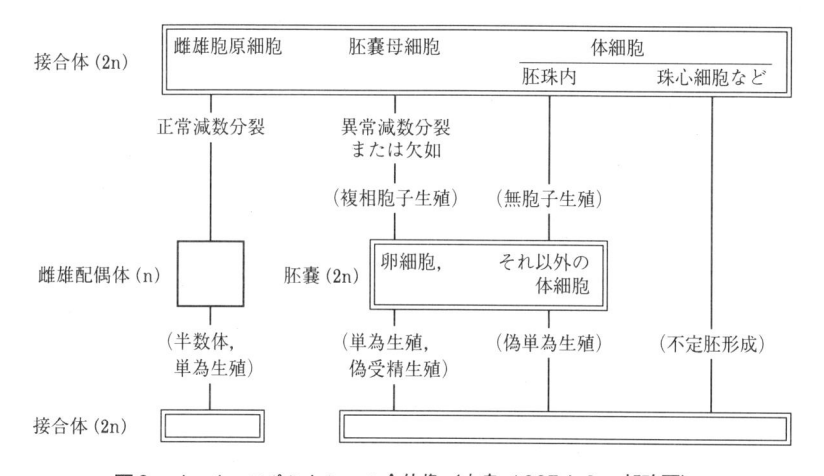

図3－4－1　アポミクシスの全体像（中島 1987から一部改写）
四角囲みの一重は核相が半数のn，二重は同じく全数の$2n$の植物体を示す．括弧内は繁殖の方法を示す．

無胞子生殖にはギニアグラス・キンポウゲ，複相胞子生殖にはニラ・エゾノチチコグサ・セイヨウタンポポを，その例としてあげている．

こうしてまとめてみるときれいになるが，有性生殖それも他殖性と混在しているのが多く，しかも同一個体の花器に見られることもある．そこで純粋にアポミクトのみとなる場合を絶対的アポミクシス，混在する場合を条件的アポミクシスと呼ぶ．したがって，条件的アポミクシスをする植物で，意図的に交雑させた後に有性生殖を制限すれば，まさにハイブリッドとして維持される．

ギニアグラス（*Panicum maximum*）という熱帯起原のイネ科の牧草は条件的アポミクシスの例である．アフリカから導入した系統の中に有性生殖をするもの見出し，交雑後はアポミクシスを続けることを確かめて品種ナツカゼとした（佐藤ほか 1993）．

さらにある種の熱帯起原のイネ科牧草には，新しい環境のもとで，アポミクシスのみでなく有性生殖をし（ダリスグラスの例），あるいは近縁種が有性生殖することから交雑してその集団の変異の幅が広がって，ヘテロ性が集団の維持にあずかる例などがある．

これまでにアポミクシスをするとしてあげた植物種はイネ科の牧草だが，野菜の *Allium* に属するニラの仲間にも，アポミクシスをするものがある（Kojima *et al.* 1994）．そして果樹のミカン類，ゴム，クロスグリ，キャッサバでもみられ，さらに熱帯で重要な作物のひとつであるトウジンビエやトウモロコシの起源論で触れた *Tripsacum* も，アポミクシスを起こす植物である．

先に触れたナツカゼは明らかに雑種ではあるが，ホモ接合の系統を作出してアポミクトに変え，そのホモ接合のアポミクト同士を交雑したわけではないから，ヘテロシスを期待するハイブリッドとはいい難い．さらに考えを飛躍させて，これまでアポミクシスをしない植物にアポミクシス性を導入し，交雑した後の F_1 でアポミクシスを起こさせれば，ハイブリッドの種子の生産が容易となる．そうした考えは20世紀半ばからある．

2. アポミクシスの系統を作出する

アポミクシスを本来その特性を持たない植物種に導入しようとしたのは，トウモロコシ・トウジンビエ・コムギで，その多くは1970年代後半に始まっている．1962年，ソ連邦（当時）のPetrov, D.F.はアポミクシスを起こすトウモロコシを作ろうとした（Petrov 1976）．トウモロコシのほかにソバ・コムギについても論じている．1962年といえば先に触れたニキータ・ククルーズィニク騒動の時期でもある．ハイブリッド・コーンの採種をシベリア，それも北緯55°と寒さが厳しい地で行うのに，アポミクシス利用の発想があっても不思議ではない．1981年のPetrovの死（1986年に著者がノボシビルスクを訪れたときに確かめた）によって研究は中断，その着想と研究は世界各地に引き継がれている．

トウモロコシにアポミクシス性を導入するのには，Petrovがまず試みたトウモロコシ× *Tripsacum* の正逆の交雑後代の染色体を整合させて，*Tripsacum* からアポミクシス性を取り込むのが普通である．Petrovはまず $2n = 72$ の *Tripsacum dactyloides* がアポミクシスを起こすことに着目し，トウモロコシの4倍体（$2n = 40$）の4系統，2倍体の2系統を交雑相手とした．その中から選ばれた F_1 は5系統で，それぞれ $2n$ が $56 = (2n + 0)$, $66 = (2n + n)$, 38

$= (n+n)$, $28 = (n+0)$ で構成されていて,そのうちの G-278 はアポミクシスを起こす個体を含んでいた(カッコ内の染色体数は,第1項が *Tripsacum* で,第2項が2倍体トウモロコシの染色体数).

こうした材料はその後合衆国農務省のプロジェクトにもたらされた.メキシコにある CIMMYT(国際トウモロコシ・コムギ改良センター)は,やはりトウモロコシと *Tripsacum* の遠縁交雑によって虫害抵抗性の取り込みを試み,その過程でやはりアポミクシスにも関心を持った.こうしたことは,アポミクト・トウモロコシを期待させるが,成果を得るには至っていない(Savidan 2000).

トウジンビエ(*Pennisetum glaucum*, $2n = 14$, AA ゲノム)には,細胞質雄性不稔性を使ったハイブリッドがある.同じ属のアポミクトを持つネピアグラス(*P. purpureum*, $2n = 28$, A'A'BB ゲノム)を,アポミクシス導入の相手として交雑,戻し交雑や雄性不稔の選抜で,$2n = 28$ のアポミクシス系統を得ている(Savidan 2000).

コムギについても,オーストラリアとタスマニアに自生する *Elymus rectisetus*(ハマムギ・エゾムギの仲間)との交雑で,アポミクシスとなる個体が見出されている(Carmen *et al.* 1985).この種がアポミクシスを起こすことから,コムギのほかライムギやオオムギにも応用できるかと思われているが,ライムギやオオムギとの間を仲立ちする別の種が必要である.まだイネにアポミクシスを起こさせる野生種は見出されていない.

3. アポミクシス・ハイブリッド種子を作る

先にギニアグラスの例をあげたように,アポミクトがハイブリッドであれば,こんなに都合のよいことはない.残念ながらギニアグラスのナツカゼの場合は,完全なハイブリッドという訳ではないが,それでもある程度のヘテロ性が維持されて,ある程度のヘテロシスを内在していると見るべきであろう.トウジンビエについてはほぼ成功していると見てよいが,ほかの作物種ではこれからであろう.

4. イン・ビトロで種子を増やす

　この前の項までは，植物の繁殖方法をよく知ったうえでその特徴をたくみに利用し，ハイブリッドの種子を大量に生産するものであった．ところが20世紀末の30年間に発達した器官培養・組織培養・細胞培養といったイン・ビトロの手法で，植物の遺伝や生理的な反応を研究・利用することが，大変容易になった．中でも植物体の分化能が旺盛な体細胞部分を切り取って人工培養し，そうして得られたカルスに一定の処理をすると，受精した種子で必ず発生する胚と同じようなもの（不定胚）を生じ，それからは1個の植物体を分化・生長させることができるようになった．1982年のことで人工種子である．人工種子とは「正常な植物となりうる培養組織・器官を人工の膜状のもので包み込んだカプセル種子」と定義付けられる．

　1990年代には，セルリをはじめとしてニンジン・アスパラガス・メロンなどいくつもの植物で人工種子あるいは人工種苗の開発研究があった．実験室段階でまず確立し，さらに大量に増殖するには，技術上解決しなければならない点がいくつもある．①不定胚が確実にしかも大量に安定して得られること，②不定胚の発達がすべて同調していること，③不定胚などを規格化された状態でカプセル化できること，④カプセル種子は実際の栽培に応じられるように一定期間は貯蔵が可能であること，である．

　その中では，ハイブリッド・イネを視野に入れたイネの組織培養苗（別名バイオ苗）がある．カルスから不定胚・幼植物を再分化させるのに固有の培地が考案され，フラスコ段階→ジャー段階→タンク段階と拡大して，リットル当たり1万個の再分化個体の生産に成功した（長谷川 1993）．

参考文献

Carmen, J.G. *et al.* 1985. Hybrid crops that clone themselves. Utah Sci. 6 : 90 − 94.

Hanna, W.W. 1995. Use of apomixes in cultivar development. Ad. Agron. 54 : 333 − 350.

Hanna, W.W. and E.C. Basshaw 1987. Apomixis : Its identification and use in plant breeding. Crop Sci. 27 : 1136 − 1139.

長谷川康一 1993. イネバイオ苗大量生産システムの開発. 技術と経済 1993 (7)：22 − 29.

Kindiger, B. and V. Sokolov 1997. Progress in the development of apomictic maize. Trends in Agron. 1：75 − 94.

小島昭夫 2001. ニラの2倍体レベルにおけるアポミクシス性/両性生殖性. 分離集団育成の試み. 育種学最近の進歩 43：65 − 68.

Kojima, A. *et al.* 1993. Non‐parthenogenetic plants detected in Chinese chive, a faculative apomict. Breeding Sci. 44：143 − 149.

中島皐介 1987. 繁殖法による集団の特徴. 中島哲夫監修「新しい植物育種技術」. 養賢堂, 東京. 130 − 138.

大山勝夫 1991. 農林分野に貢献する「人工種苗」. TechnoInnovation 1：29 − 33.

Petrov, D.F. 1976. Apomixis and its Role in Evolution and Breeding.(English version in 1984). A. A. Balkema, Rotterdam 267pp.

佐藤博保ほか 1993. ギニアグラス（*Panicum maximum* Jacq.） 新品種「ナツカゼ」. 九州農試報告 27：417 − 437.

Savidan, Y. 2000. Apomixis：Genetics and breeding. Plant Breed. Rev. 18：13 − 86.

第4章　新しいテクノロジーとの接点

　この20世紀末の20年は，バイオテクノロジーが大きく飛躍した時期である．1990年に日本で始まったイネゲノム・プロジェクトは，バイオテクノロジー分野としてはその頂点に立つものでもあり，2002年12月には，ほぼ全ゲノム(99.99％)の読み取りを完了した．一方，実用品種の中でバイオテクノロジーの産物の第1号は，フレーバセーバ・トマトであった．こうした新しい動きは，ハイブリッド分野でも無縁ではありえない．

1. バイオテクノロジーの様相

　ひところ，バイオテクノロジーをオールドとニューとに区別していた．前者は20世紀の前半にすでに一部の植物学者が，ニンジンの器官・組織培養によって実験条件を一定の制御下におき，主として生理学上のさまざまな研究に用いたのが始まりである．たとえばRobinson(1941)は，トマトのF_1と両親系統の切り取った根にいくつかの培養条件を与えて，根の生長量がF_1と両親とで明らかに違い，根の養分要求性にヘテロシスが反映するとした(Gowen 1952)．

　その後，1950年代後半にはキャベツとハクサイの交雑胚珠を取り出して培養し，合成ナプスとしてのハクランを創出した西ほか(1959，1961)があり，ドイツのマックスプランク研のメルヒャーは，トマトの培養細胞とジャガイモの培養細胞を融合させて，正常な植物体(次の世代の種子ができ，その種子から正常な個体が発生)を得た．

　また試験管受精ともいわれるインビトロ受精は，受精過程の研究に欠かせない．被子植物の重複受精は，その全過程がこの手法で明らかにされた(Higashiyama et al. 1997)．またライグラス類とフェスク類との細胞質雑種(サイブリッド)は，まさに細胞操作の典型的な例であって，イネの人工種子などもこの分野の研究の成果である．

一方，後者のニュー・バイオテクノロジーといわれるものは，DNA操作・ゲノム解析が中心である．DNA操作の好例としては，先にあげたナタネの核雄性不稔遺伝子の作出と導入がある．ゲノム解析は，遺伝学そのものとして20世紀最後の10年で飛躍的に発展し，遺伝学・育種学にとって大きな研究上の突破口を開くこととなった．

　イギリスのジョン・イネス研究所のGale, M.は，ゲノムサイズの小さいイネのゲノム情報から，イネ科のほかの作物のゲノム構成とイネのゲノム構成とを比較して，こうした作物間で見られるシンテニー（synteny：相同性と訳し，異なる種の間でそれぞれの染色体ゲノム上の遺伝子構成が，類似していることをいう）を調べた．その結果，イネの12の連鎖群に対応するほかのイネ科作物のゲノム構成を決定した（図4－1）．

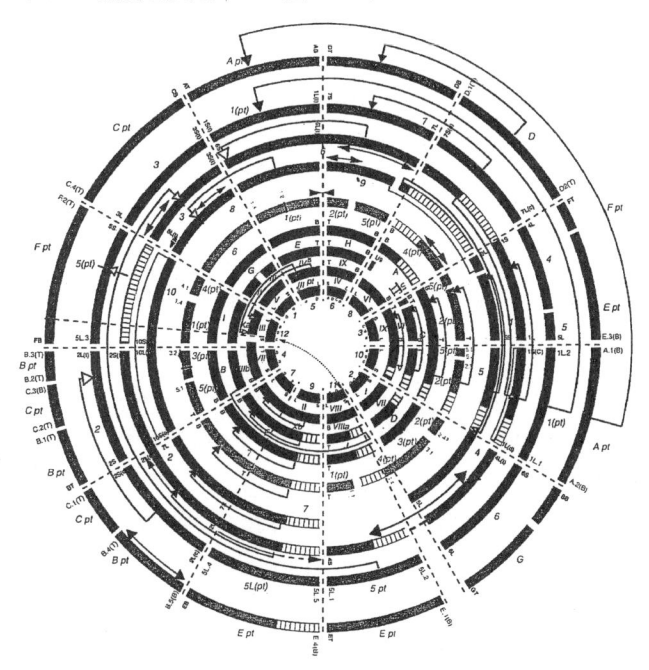

図4－1　イネのゲノムとほかのイネ科植物（作物）の相同性（シンテニー）（Gale, M.の好意による）
同心円の中心から順次，イネ，アワ，サトウキビ，ソルガム，トウジンビエ，トウモロコシ，コムギ属，エンバクで，トウモロコシは2列を占める．

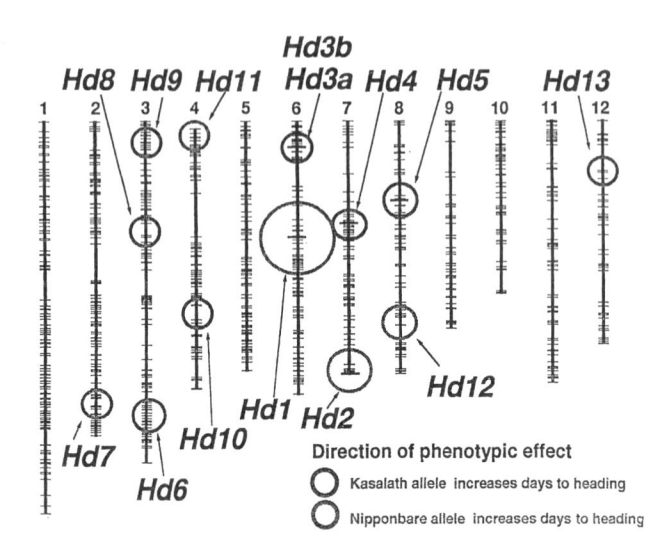

図4−2 日本晴×KasalathのF₂および戻し交雑後代を利用して，QTL分析によるイネの出穂性に関与する遺伝子座の検出（矢野昌裕の好意による）
14の遺伝子ごとに，由来した親品種が特定されている．

　日本が中心となって進めていたイネのゲノム解析では，この5年間でもいくつかの遺伝子がDNAの配列として決定されている．*Xanthomonus oryzae* という細菌によるイネのシラハガレ病は，抵抗性遺伝子が従来の交雑による遺伝分析で*Xa-1*，*Xa-2*，…，と20個を超える数が同定されている．日本のイネゲノム研究で，このうちの*Xa-1*遺伝子（単純な1遺伝子支配）が座乗している染色体，遺伝子のゲノム構成とゲノムサイズが決定されて，遺伝子をDNAの配列として決定できた．

　この遺伝子*Xa-1*は，吉村ほか(1997)によって第4染色体に座乗し，340kbpのYACライブラリーY5212の中に含まれ，その中でさらにサイズの小さいコスミド・ライブラリー，5,910bpのc42であることを突き止めた．さらに最近，*Xa-1*遺伝子のような1遺伝子支配でないために，量的遺伝子とされている出穂性を制御する遺伝子について，矢野・吉村(2000)はQTL（Quantitative Trait Loci, 量的な発現をする遺伝子座といった意味）解析の手法によって，遺伝子群13個を突き止めた（図4−2）．

2. バイオテクノロジーとハイブリッド育種

　こうしたテクノロジーがハイブリッドとの関わりは2つある．ひとつは受粉受精の制御によるハイブリッド種子の採種に関わるもので，もうひとつはヘテロシスについての遺伝学，そして実務的な意味での両親系統の組合わせ能力を推定することに関わる．前者は雄性不稔性や自家不和合性の遺伝的な制御，さらに受粉によらないハイブリッド種子の生産である．後者は，ヘテロ接合であることの意味をゲノムを基礎とした遺伝子の働き方を知ることで，ヘテロシスそのものを見直すことが可能かどうかである．

　このようにバイオテクノロジーとハイブリッドとの間には，いくつもの接点がある．ゲノム解析が進められているイネをはじめとして，いくつもの植物の遺伝子が決定されようとしている．幸いイネのゲノムサイズは，トウモロコシなどと比べると43万kbp（4億3千万bp）と小さい（ヒトのゲノムサイズは30億bpといわれる）．それでも2001年春までにゲノム・レベルで決定された遺伝子の数少なく，大ざっぱにイネの遺伝子ですら1万個以上といわれているので，まだ相当数の遺伝子を決定しなければならない．

　一方でこうした数多くの遺伝子は，トウモロコシを例とするとヘテロ性の高い混成品種や自然受粉品種，さまざまな環境下で適応して生き残っている在来種のなかに隠されていよう．いやむしろゲノム解析が進んだイネでも，遺伝子をDNAレベルで明らかにしたのは，0.1％とごくわずかである．しかもイネの$Xa-1$遺伝子についての分析でも明らかなように，具体的に遺伝子が特定できなければ，ゲノム解析もDNAの配列（物理地図）を知ったところで終わってしまう．とくにハイブリッドを考えると，個々の遺伝子を手に入れ，そしてその遺伝子の働きについての情報を明らかにしてこそ意味がある（Lübberstedt 1997, 2000）．そしてこうした研究は少しずつ進んでいる（Saghai Maroof et al. 1997, Smith et al. 1990. Xiao et al. 1995. Xiao 1996）

　先にあげたイネの出穂性を支配する遺伝子の研究も，ジャポニカ型の日本晴とインディカ型のCasalathとの間の交雑集団があったからこそ進展した（中川原捷洋の私信による）．アブラナ科の自家不和合性遺伝子でも，日向の

グループ (Takahashi et al. 2000) によると，自家不和合遺伝子である SRK はいくつかのアブラナ科植物に分布しているが，そうした植物が利用できる状態にあるから，有益なのである．

こうして見ると，今日的なバイオテクノロジーの進展があっても，そこに無限に近い数の遺伝子が包含されている多様な資源があってこそ，はじめてここで取りあげたハイブリッドの育種ができる．現在，国際植物遺伝資源研究所の調べによると，世界中で660万点が主に種子として確保されている（岩永勝の私信による）．そして資源ナショナリズムによって遺伝資源の国外配布をしない国がある一方で，アメリカ合衆国・ロシア・日本の3カ国で世界中の6分の1を占めて，国の内外の要望に応えて提供している．

著者が3年間滞在研究したロシアのバビロフ名称植物生産研究所は，1980年代にアメリカ合衆国を襲ったダイズの線虫害に対して，その保存していたダイズの植物遺伝資源を提供し，アメリカでは線虫抵抗性の品種の育種に成功した．また同じように，コムギのアブラムシに対する抵抗性の材料が，バビロフ研究所が保存している材料の中からアメリカで見出された（Dragavtsev 2004）．このような植物遺伝資源という資産が世界共通の財産として維持され供給されていること，そしてこれからは一層植物遺伝資源が重要視されること，このことが今後の人口増加を支えともなることを強調しておく．

参考文献

Dragavtsev, V.A. 2004. Plant genetic resources and ways of increasing food supplies of the globe. Intern. Symp. Genetic Resour. Biotech. Plant Industry.

*Gowen, J.W. ed. 1952. Heterosis, A Record of Researches Directed toward Explaining and Utilizing the Vigor of Hybrids. Iowa St. Col. Press, Iowa. 552pp.

Higashiyama, T. et al. 1997. Kinetics of double fertilization in *Torenia fournieri* based on direct observations of the naked embryo sac. Planta 203 : 101 − 110.

Lübberstedt, T. et al. 1997. QTL mapping in testcrosses of European flint lines of maize : I. Comparison of different testers for forage yield traits. Crop Sci. 37 : 921 − 931.

Lübberstedt, T. 2000. Relationships among early European maize inbreds. IV. Genetic diversity revealed with AFLP markers and comparison with RFLP, RAPD, and Pedigree data. *Ibid* 40 : 783 − 791.

西貞夫ほか 1959. はい培養による, *Brassica*属のcゲノム（かんらん類）とaゲノム（はくさい類）の種間雑種育成について. 育雑 8 : 215 − 222.

西貞夫 1961. アブラナ科のはい培養に関する研究. I. カンラン・ハクサイ幼胚の培養条件について. 農技研報 E9 : 59 − 127.

Saghai Maroof, M.A. *et al.* 1997. Correlation between molecular marker distance and hybrid performance in U.S. southern long grain rice. Crop Sci. 37 : 145 − 150.

Smith, O.S. *et al.* 1990. Similarities among a group of elite maize inbreds as measured by pedigree, F_1 grain yield, grain yield, heterosis, and RFLPs. TAG 80 : 833 − 840.

Takahashi, S. *et al.* 2000. The pollen determinant of self‐incompatibility in *Brassica campestris*. Proc. N.A.S. 97 : 1920 − 1925.

Xiao, J. *et al.* 1995. Dominance is the major genetic basis of heterosis in rice as revealed by QTL analysis using molecular markers. Genetics 140 : 745 − 754.

Xiao, J. 1996. Genetic diversity and its relationship to hybrid performance and heterosis in rice as revealed by PCR‐based markers. TAG 92 : 637 − 643.

矢野昌裕・吉村淳 2000. イネの出穂期のQTL解析.「細胞工学」別冊植物細胞工学シリーズ 12 : 185 − 187.

吉村智美ほか 1997. イネ白葉枯病抵抗性遺伝子*Xa-1*の同定. 育雑 47（別1）: 75.

あとがき

　著者が調べたところでは，植物分野に限ってもハイブリッド品種やヘテロシスに関する論文は，毎年相当な数にのぼる．きっとアップ・トゥ・デイトの研究に当たりきれず，思わぬ見落しをしているかも知れないが，20世紀に入って以降の一代雑種に関することは，だいたい網羅できたと思う．

　アメリカのHayes, H.K.の著書「一教授の語る雑種トウモロコシ」(1963)は，著者の知る限りでは，トウモロコシとその一代雑種の育種に関連する諸問題の優れた書である．日本には類似の書はない．もちろんアメリカではその主要穀物が他殖性のトウモロコシであるのに対して，日本のそれがきわめて高度な自殖性のイネであることと無縁ではないだろう．

　イネについては松尾孝嶺監修の「稲学大成」の三部作がある．そして著者は大学の卒業実験で，松尾教授に「イネで雑種強勢の実験をしては？材料は・・・があるよ」と指導された．当時イネで一代雑種を視野に入れた人は，皆無に近かった．今なお覚えていることとして，Brown(1954)が「雑種強勢は分けつ数(穂が着く茎の数)と収量にのみはっきりと現われる」(第1章第4節)とあった．また著者が東海近畿農試でイネの栽培試験に携わった時期の友人中川脩氏によると，若くして亡くなったイネ育種の研究室長足立武二は，昭和20年台の後半(つまり1950年代前半)にすでに「里川(中川氏の旧姓)君，これからはイネもハイブリッドで多収を狙う時代だよ」と話したという．

　その後著者は，農林水産省の研究員であった間の相当な年月を，トウモロコシの遺伝資源，育種技術とそれに関する科学の研究，中でもトウモロコシに現われるヘテロシスの研究に従事してきた．しかし今なお，ヘテロシス理論には決着が付いていない．そして本文中に記したように「どなたか突破口を見付けて欲しい」と書く羽目になっている．

　本書の執筆には，かつての研究者仲間の資料を数多く使わせていただいたし，また直接伺った方も数知れない．中でもトウモロコシの花粉に現われるヘテロシスについての研究で，著者の研究室の室長(当時)であった村上寛一氏(故人)は，常に「教科書を書き換えるのが私たちの仕事」と励ましてくれ

た．実は1980年代半ばに，畏友内山田博士・金田忠吉・望月昇（故人）・高柳謙治の皆と，本書に似た構成のものを書くことを語らったが，それぞれ公務に追われる職務になって，いつの間にか沙汰止みになっていた．著者一人ではとうてい料理できる課題ではなく，全体像のある部分しか解けていないが，多くの人々の支えによってとにかく取りかかってみた．このことをまず記しておく．

そして，周りにいらっしゃる植物育種に携わっていた人々，芦沢正和・池橋宏・大川安信・坂口進・志賀敏夫・鈴木茂・村田伸夫・吉川宏昭の皆さん，それに素稿に眼を通して貴重な知見をくださった日向康吉さんには，多くの助言を頂戴し引用もさせていただいた．そればかりでなく，著者よりも年少の研究者の方々には相当押しつけがましいお願いをし，また便宜も図っていただいた．直接著者が実験の材料とした作物でないのに取りあげた野菜については，野菜分野の研究者の皆さんに資料とともに，じかに知見をいただいた．こうした方々をはじめ，お世話になった方々をあげ（五十音順），著者の心からのお礼としたい．

相井城太郎・荒川弘・池谷文夫・石毛光雄・石原邦・伊藤喜三雄・井上康昭・岩永勝・上原達雄・浦上（清野）敦子・榎宏征・春日重光・勝田（石）真澄・門脇光一・金子幸司・神尾正義・北宜裕・Gale, M.・濃沼圭二・腰岡政二・Salamini, F.・在田典弘・清水矩宏・新城長有・末永一博・杉山慶太・大同久明・髙溝正・滝沢康孝・多田雄一・田中宥司・田場佑俊・中川脩・中川仁・中川原捷洋・中島皐介・中嶋博・永田伸彦・長峰司・長村吉晃・生井兵治・Neuffer, F.・福嶋雅明・穂積清之・増谷哲雄・丸山清明・宮崎省次・望月龍也・門馬榮秀・門馬信二・山川邦夫・山口隆・山口秀和・矢野昌裕・李正日・Rouneau, M.・渡辺穎悦（敬称略）

3年のロシアでの滞在研究から2000年に帰国した後，つくば市にある農林研究団地の筑波事務所図書室や各試験研究機関の図書室にはひとかたならずお世話になった．とくに(社)農林水産技術情報協会筑波センターは，資料収集や原稿作成に必要な場を何年にもわたって提供していただいた．またその後もロシアにたびたび滞在したので，その間にはサンクト・ペテルブルクに

あるバビロフ研究所と日本センターにもお世話になった．末記ながら謝辞を述べたい．

　最後になったが，刊行してくださった（株）養賢堂に対して心からお礼を述べたい．とくに社長の及川清氏をはじめ，2005年夏退職された編集部長の矢野勝也氏には当初「農業および園芸」誌への連載をこころよく引き受けてくださり，その後出版部長池上徹氏のご厚意，さらに本書の刊行には新井剛氏には大層お世話になった．

　こうした方々の支えがあって刊行することができたが，著者の研究員生活を家庭にあって常に支えてくれた妻ゆきよと息子拓にも，この場を借りて謝意を表しておく．

　なお本書は「農業および園芸」誌に連載した記事を，終えた後に簡潔にするとともに誤りを正し，その後のいくつかの知見を加え整理したものである．

　　　　　　　　　　　　2006年12月　つくば市のわが家で　山田　実

索引

注1：用語のあとに（品）とあるものは品種・系統名のこと．注2：人名はとくに重要なものを採用した．注3：ヴァ・ヴィなどはバ・ビなどとして統一．注4：Lが英文字であればlとし，かな書きとなっている場合はrとして扱った．注5：音を延ばす場合はi, uなどとして扱った．

A

アブラナ属（*Brassicae*）············ 17,18,134
ADP：O比······································98
AFLP··132
アイソザイム································112
アクティブ（品）·····························22
アンチセンス遺伝子··························15
アポミクシス························150,152,153
アップライト型··························39,43,48
アルデヒドリアーゼ（ALD）·················91
α-ケトグルタル酸·····························98
Ashbyの仮説····································88
アスパラガス·····························121,131
アステカ文明····································32
Ashby, A. ································· 87,89

B

倍数性··57
β-カロテン·······································11
べと病··22,24
微動遺伝子（polygene）·················83,95
ビタミンA··13
ビタミンC······································11,13
母性遺伝型（重複受精）····················143
分散···95
ブルームコーン·································58
ブルームレス·································24,25
BSSS（集団）···························43,49,101
部分他殖性···································59,61

C

Casalath（品）································159
チンスレ・ボロⅡ（品）··············69,70,71
チサヤナタネ（品）····························62
致死因子··126
重複受精·································119,142

長花柱花（thrum）····························132
長稈遺伝子（*eui*）····························73
長交161号（品）································45
長交202号（品）································45
長・野交25号（品）···························109
超優性説·······························86,87,98
超雄性株·······································131
貯蔵性··20
虫媒花··123
中花柱··133
中立説···································111,112
抽苔性····································15,18,22
cms-boro······································70

D

ダイアレル分析···························97,107
台木···25
ダリスグラス··································151
*de*遺伝子······································125
デント型·································36,40,45
デザイン　Ⅰ····································97
デザイン　Ⅱ·······························97,108
同形花··130
同形花不和合性························132,133
同型接合性（homozygosis）·················84
ドラッカー（品）······························148
ドブジャンスキー, Th. ···············87,112

E

穎···113
穎花··72,76
栄養繁殖·······························9,10,120
疫病···20
エルカ酸·····································60,61
エステラーゼ····································93

F

フェスク類·····································147
藤坂5号（品）······························68,69
不完全優性······································82
福寿（品）·······································11

複交雑	44,45,47
複相アポミクシス	150
F_1	5,41,88
FTvR-209（品）	14
F2（品）	106
フラヌイ（品）	20,21
フレーバセーバ（品）	15
ふりこま（品）	12
フリント型	33,40,46
不定胚	150,154
不定胚生殖	150
風媒花	123
不和合性遺伝子	132,133,134
Fryxell, P.A.	119,120

G

含油率	53,62
ゲノム解析	157,159
ゲノムサイズ	146,157
減数性アポミクシス	150
ギニアグラス	151
ゴマハガレ病	47,145
合成品種（synthetics）	114,115
合成ナプス	18
グルホシネート	147
グルコース・6・リン酸脱水素酵素（G6PD）	91
Gale, M.	157

H

ハイブリッド	5,19,80
配偶体致死遺伝子	75
配偶体遺伝子	125
配偶体型（自家不和合性）	125,134,143
配偶体型（細胞質雄性不稔性）	71,143
胚の大きさ	88
ハクラン（品）	156
ハクサイ	17
繁茂（luxuliance）	87,112
反足細胞	160
はったい粉	37
発芽子葉法	61
ヘイゲンワセ（品）	47
閉花自家受精	122
閉花受粉	68
平均	143
ヘテロ性	114
ヘテロ接合性	114
ヘテロシス	84,86,111
光合成率（NAR）	40
ヒマワリ	53
品種間一代雑種	45
平塚1号（品）	17,18,19
非対称融合	146
北陸交1号（品）	1,75,77
ホモ接合性	114
北方フリント型	36,45
穂数	77
ホテイアオイ	132
ホウレンソウ	22
ホール・クロップ・サイレージ	48,60
胞子体型（自家不和合性）	125,134,143
胞子体型（細胞質雄性不稔性）	143
hp遺伝子	12,13
Hageman, R.H.	91,92
日向康吉	133,136

I

一代雑種	5,9,35
一列粒数	41,42
萎凋病	13,14,22
異形花	130
異形花不和合性	132,133
異型接合性（heterozygosis）	84
イン・ビトロ	154
インディカ型	68,73,75
インディオ	30,33
イネ	64,67,158
イネ科牧草	115
インカ帝国	32
一般組合わせ能力	97,107,108
一穂穎花数	72,76,107
一穂粒数	42,76,107
イスズナタネ（品）	62
岩槻邦男	80

J

ジャポニカ型	69,75
ジベレリン	94,95
自家不和合性	18,123,134
実効指数	43,44
人工種苗	150
人工種子	150,154
自殖	119,126,127
自殖系統	47,48,92
自殖弱勢	35,127,136
自殖性	120,122
助細胞	150
条件的アポミクシス	151
除雄（detasseling，トウモロコシ）	131
除雄剤	63
受精競争	99,123,126

K

花粉親	46,72,137
花芽分化	15,19
開花自家受精	122
開花受粉	68,121
カイコ	5,9,118
果梗	12
核遺伝子雄性不稔	123,137,141
核＝細胞質雄性不稔	123,138,142
乾物重	89
完熟性	14
環境反応遺伝子雄性不稔（EGMS）	142
環境効果	96
環境抵抗性	21,116
カノーラ（品）	61
乾腐病	20,21
完全優性	82
カプセル種子	154
カリビアフリント型	36
カロテン	13,26
兄妹交雑（sib-cross）	83
計量遺伝学	95
絹糸	34,118
呼吸効率	98
コムギ	63
混成品種（composites）	115,159

コスミド・ライブラリー	158
固定品種	19,115
交7号（品）	46
光リン酸化	92
広親和性遺伝子	75
甲州種（品）	36
交4号（品）	45
向陽五寸（品）	26
向陽二号（品）	26
交雑不稔性	74,123
組合わせ育種	14,22
組合わせ能力	107
黒星病	24
クロロプラスト	92
クサブエ（品）	116
キャベツ	15,16,17
球茎	21
キュウリ	23
Kaul	124,137,141
木村資生	111

L

LAI（葉面積指数）	90
Leaming（品）	126

M

マメ科牧草	115
メンデル集団	113
雌しべ先熟	122
Minnesota 13（品）	40
ミトコンドリア	94,145
ミトコンドリア DNA	145
ミトコンドリアの相補性	94,97
戻し交雑	81,146
籾わら比率	43
桃太郎（品）	11
モノヒカリ（品）	57
モザイクウイルス病	14,18,19
無配生殖	119,150
無作為受粉	126
無作為交雑（任意交配）	113
メンデル, G.	80,82

N

n-boro······69,70
NaCl処理······136
長岡交配1号（品）······17
南極1号（品）······25
軟腐病······18,19
ナス······9
ナタネ······60,147
ナツカゼ（品）······151,152
根こぶ病······18
ネコブ線虫······14
稔性回復遺伝子······59,123,137
日長感応性雄性不稔遺伝子······138,142
二系法······137
二形花型······132
ニンジン······27,28
日本晴（品）······159
農墾58（品）······142
NR活性······91,92
乳頭細胞······135

O

og^c遺伝子······12,13
O型（テンサイ）······57
温度感応性雄性不稔遺伝子······141
温湯除雄法······52,73
オオムギ······138
オルガネラ······146,147
雄しべ先熟······122

P

pi-k遺伝子······116

Q

QTL（quantitative trait loci）······85,158

R

ライグラス類······147
ライムギ······73
RAPD······101
RC比······97
レイメイ（品）······141
レッドカゴメ932（品）······12
裂果抵抗性······11,13,109
劣性ホモ······55
Rf遺伝子······70,71,143
rf遺伝子······70,71,143
RFLP······101
RGR（相対生長率）······87
リード（品）······22
リード・ライス（品）······69
リノール酸······53,61
鱗茎······21
鱗被······73
ろじゆたか（品）······13
老熟受粉······136
両性遺伝型（重複受精）······143
量的形質······83,95,100
両全花······23,132
粒列数······41,42
Russell, E.W.······42

S

細胞質雄性不稔······68,123,143
細胞質雑種（cybrid）······146,156
細胞小器官······71,97
細胞融合······146
栽植密度······39
採種栽培······59,73,142
三部説······30,31
サンチェリー（品）······12
三形花型······137
三系交雑······45
三染色体平衡（BTT）······138
蚕種製造······84
生長解析······89
清良記······35
西洋種（ホウレンソウ）······22
線虫害······161
染色体ゲノム······17,63,75
泉州黄（品）······21
選択受精······123,127
シャープ1（品）······25
脂肪酸······60
雌花同株······121
雌花雄花同株······121

試験管受精	156	Shull, G.H.	4,85
しなのあか（品）	13	Sprague, G.F.	5,97
芯止まり性	13,109		
真正ヘテロシス（euheterosis）	87,112	**T**	
シンテニー（synteny）	157	Ta29遺伝子	147
シラハガレ病	158	多胚性	56
雌性株	131	台中65号（品）	69,70
雌性単性株	121	タマネギ	20
雌穂重	41	多面発現	141
質的形質	83	単為生殖	150
雌雄同熟	122	短花柱花（pin）	132
雌雄同花	121	単交雑	34,35
雌雄同株	121	単胚性	56
雌雄異熟	121	炭酸ガス	136
雌雄異花	25,130,131	タペート細胞	147
雌雄異株	22,130,131	他殖	119,122
自然受粉品種	45,114,159	他殖率	53
障壁受精	122	他殖性	34,113,120
硝酸還元酵素（NR）	91,92	低温発芽性	48
種球	56	適応度	112
収穫指数	39,43	テンサイ	54
収量構成要素	41	天正年間	35
珠心細胞	150	*Teosinte*説	31
種子親	46,72,137	Te-tep（品）	69
S遺伝子	132,135	T型（テキサス型）	46,143,144
SLG遺伝子	135	Ti-プラスミド	147
ソバ	133	To15（品）	48
ソルガム	58	特殊組合わせ能力	108
SP11遺伝子	135	トマト	11
SRK遺伝子	135	トップ交雑	97,107
S細胞質（ソルガム）	59	トリオース・リン酸脱水素酵素（TPD）	91
SSRマーカー	101	トルティーヤ	32
相加的効果	96	Toシリーズ（品）	48
相対生長率（RGR）	87	倒伏抵抗性	47,48,49
水媒花	122	トウジンビエ	153
スジイシュク病	21	統計遺伝学	95
ステキ甘藍（品）	16	トウモロコシ	29,39,87
ストロングCR75（品）	18	東洋種（ホウレンソウ）	22
スズホ（品）	60	Tレース（ゴマハガレ病菌）	46,144
Sarkissian, I.V.	94	蕾受粉	136
Schwartz, D.	93	ツキヒカリ（品）	21
Sen, D.	98	つる割病	24
Shinjyo, C.（新城長有）	69,70	*Teosinte*	31

Tripsacum	30,152
外山亀太郎	4,83

U
禹長春	16,17

W
矮性遺伝子	58
ワセホマレ（品）	47,48

X
Xa-1 遺伝子	158,159

Y
YAC ライブラリー	158
養分要求性	156
葉面積指数（LAI）	39,90
幼植物生長性	48
ゆめちから（品）	49
雄花同株	121
優劣の法則	80,82
優性度	96
雄性不稔維持系統	138
雄性不稔回復核遺伝子	143
雄性不稔性	68,123,137
優性遺伝子	15,99
優性遺伝子（連鎖）説	86,87,100
雄性株	131
雄性単性株	121
雄性可稔	62,69,137
優性効果	96
優勢親（BP）	41,76
有性生殖	120
雄性単性株	121
山田実	99,113
山崎義人	44

Z
在来種	21,62,159
雑種強勢	63,80,83
雑種酵素	93
絶対的アポミクシス	151
ズイユウ（品）	131

著者略歴

山田　実（やまだ　みのる）

1932年東京生まれ．東京大学農学部卒．農博．

農林水産省に入省し，東海近畿農業試験場（当時）で水稲栽培の試験に従事．

農業技術研究所生理遺伝部に転じ，トウモロコシのヘテロシスと遺伝資源の研究．

のちに草地試験場育種部長，北海道農業試験場飼料資源部長．

ロシア・バビロフ植物生産研究所客員研究員．

現在，海外植物遺伝資源活動支援つくば協議会副理事長．

主な著書「作物育種の理論と方法」（編著，養賢堂）「新しい植物育種技術」（編著，養賢堂）．

JCLS 〈㈱日本著作出版権管理システム委託出版物〉

2007　　　　　　　　　2007年1月31日　第1版発行

－作物の一代雑種－

著者との申し合せにより検印省略

Ⓒ著作権所有

定価 2730円
（本体 2600円）
税 5%

著作者　山田　実

発行者　株式会社 養賢堂
　　　　代表者　及川　清

印刷者　星野精版印刷株式会社
　　　　責任者　星野恭一郎

発行所　株式会社 養賢堂
〒113-0033 東京都文京区本郷5丁目30番15号
TEL 東京(03)3814-0911　振替00120
FAX 東京(03)3812-2615　7-25700
URL http://www.yokendo.com/

ISBN978-4-8425-0416-2　C3061

PRINTED IN JAPAN　　　製本所　株式会社三水舎

本書の無断複写は，著作権法上での例外を除き，禁じられています．
本書は，㈱日本著作出版権管理システム（JCLS）への委託出版物です．
本書を複写される場合は，そのつど㈱日本著作出版権管理システム
（電話03-3817-5670，FAX03-3815-8199）の許諾を得てください．